助力乡村振兴 出版计划

【现代种植业实用技术系列】

饲草
栽培与利用技术

主编 詹秋文 何庆元

U0396037

时代出版传媒股份有限公司
安徽科学技术出版社

图书在版编目(CIP)数据

饲草栽培与利用技术 / 詹秋文,何庆元主编. --合肥:安徽科学技术出版社,2021.12

助力乡村振兴出版计划.现代种植业实用技术系列

ISBN 978-7-5337-8536-9

Ⅰ.①饲… Ⅱ.①詹…②何… Ⅲ.①牧草-栽培技术②牧草-综合利用 Ⅳ.①S54

中国版本图书馆 CIP 数据核字(2021)第 262933 号

饲草栽培与利用技术 　　　　　　　　　　　主编　詹秋文　何庆元

出 版 人：丁凌云　选题策划：丁凌云　蒋贤骏　王筱文　责任编辑：李志成
责任校对：戚革惠　责任印制：梁东兵　　　　　　　　　装帧设计：王　艳
出版发行：时代出版传媒股份有限公司　　http://www.press-mart.com
　　　　　安徽科学技术出版社　　　　　http://www.ahstp.net
　　　　　(合肥市政务文化新区翡翠路 1118 号出版传媒广场,邮编:230071)
　　　　　电话：(0551)63533330
印　　制：安徽联众印刷有限公司　　电话：(0551)65661327
(如发现印装质量问题,影响阅读,请与印刷厂商联系调换)

开本：720×1010　1/16　　　印张：10.25　　　字数：140 千
版次：2021 年 12 月第 1 版　　2021 年 12 月第 1 次印刷

ISBN 978-7-5337-8536-9　　　　　　　　　　　　定价：33.00 元

出版说明

　　"助力乡村振兴出版计划"(以下简称"本计划")以习近平新时代中国特色社会主义思想为指导，是在全国脱贫攻坚目标任务完成并向全面推进乡村振兴转进的重要历史时刻，由中共安徽省委宣传部主持实施的一项重点出版项目。

　　本计划以服务区域乡村振兴事业为出版定位，围绕乡村产业振兴、人才振兴、文化振兴、生态振兴和组织振兴展开，由《现代种植业实用技术》《现代养殖业实用技术》《新型农民职业技能提升》《现代农业科技与管理》《现代乡村社会治理》五个子系列组成，主要内容涵盖特色养殖业和疾病防控技术、特色种植业及病虫害绿色防控技术、集体经济发展、休闲农业和乡村旅游融合发展、新型农业经营主体培育、农村环境生态化治理、农村基层党建等。选题组织力求满足乡村振兴实务需求，编写内容努力做到通俗易懂。

　　本计划的呈现形式是以图书为主的融媒体出版物。图书的主要读者对象是新型农民、县乡村基层干部、"三农"工作者。为扩大传播面、提高传播效率，与图书出版同步，配套制作了部分精品音视频，在每册图书封底放置二维码，供扫码使用，以适应广大农民朋友的移动阅读需求。

　　本计划的编写和出版，代表了当前农业科研成果转化和普及的新进展，凝聚了乡村社会治理研究者和实务者的集体智慧，在此谨向有关单位和个人致以衷心的感谢！

　　虽然我们始终秉持高水平策划、高质量编写的精品出版理念，但因水平所限仍会有诸多不足和错漏之处，敬请广大读者提出宝贵意见和建议，以便修订再版时改正。

本册编写说明

随着人们生活水平的提高,膳食结构更加追求优质蛋白与营养平衡。草食畜牧业是改善膳食结构的重要途径,而饲草是畜牧业发展的物质基础。2021年中央一号文件鼓励发展"优质饲草饲料",提升农区草业基础成为当前我国现代农业发展的战略方针。但是目前,农区饲草产业发展存在优良品种少、推广力度小、高效栽培技术应用不到位、畜禽利用脱节等问题。针对种养企业及农户对优良饲草栽培及高效利用技术的迫切需要,作者在总结近年来饲草产业发展新理论和新技术的基础上,突出农牧交叉地带,特别是农业生产的季节性和区域性特点,围绕当前职业教育和种养户培训中的实际问题,强调理论与实践一体化,力求简洁、实用、可操作,旨在为广大科技工作者及种养人员提供通俗易懂的饲草栽培与利用技术读本。

本书共分八章,所选取的内容均为从事草业管理和农牧交叉地带生产所必需的基础知识,是饲草生产中最常见且实用的知识与技能,包括饲草生产基础知识、草山草坡基础知识及管理技术、饲草地建植及管理技术、饲草加工贮藏技术、饲草利用技术模式,重点介绍了常见饲草栽培和管理技术,包含豆科的苜蓿、草木樨、野豌豆、三叶草、紫云英等,禾本科的高丹草、甜高粱、饲用玉米、黑麦草、皇竹草、燕麦、牛鞭草、早熟禾、苇状羊茅、鸭茅、无芒雀麦等,其他科的串叶松香草、苦荬菜、菊苣、籽粒苋、饲用甜菜和聚合草等。

本书系教育部及安徽省新农科研究与改革实践项目的阶段性成果。第一至第四章由何庆元编著,第五至第八章由詹秋文编著,全书由詹秋文统稿。

目　录

第一章 ▶ 饲草生产基础知识

▶ 第一节　饲草及草地基础知识

一　饲草在农牧业生产中的地位和作用

1.饲草及草地的基本概念

饲草是指作为家畜和野生动物饲料而栽培的植物。野生饲草是指自然界固有的,未经人类引种驯化的植物类型,它们对自然界有较强的适应性,但往往生产性能不高;人工饲草是由人类按照一定的经济特性,利用一定的技术,对野生饲草进行引种、驯化、杂交、选育而成的。广义的饲草包括青饲料和作物秸秆。饲草以草本为主,包括藤本植物、半灌木和灌木等。作为饲草,应具备的条件是生长旺盛、草质柔嫩、单位面积产量高、再生力强、一年内能收割多次、对家畜适口性好、含有丰富的优质蛋白和骨骼生长所必需的适量磷钙及丰富的维生素等。单一植物很难在自然界生存,常常在一个地区成群生长,这种植物的个体群就是种群,多个种群结合在一起,就形成了植物群落,而具有相似功能的群落联合在一起就构成了植被。多种野生饲草集生在一起,构成了天然草地,而大面积天然植物群落所生长的陆地被称为草原。利用人工饲草改建或重建植被,建立优质高产的人工、半人工草地及饲料地,可以收获大量优质饲草,为畜牧业发展提供坚实的基础。

1

2.饲草种植能够提高经济效益

饲草的数量和质量直接影响畜禽的生产力及其产品的好坏。从世界各国农业发展的历程来看,随着国民经济水平提高,种植业在农业中的比重逐步下降,而畜牧业比重逐步上升。我国经济的发展也证明了这一趋势,当前饲草料的需求越来越大,仅依靠天然草地已无法满足需求,只有通过建立优质、高产的人工饲草地,才能解决这一问题。随着农业产业结构调整的实施和持续推进,饲草生产在南方农区越来越得到重视,形成了多种成熟的种草模式。人工饲草具有生长快、生物量积累高等特点,通过科学管理和利用合适的加工贮藏技术,可实现优质高产,解决畜牧业冬春缺草问题,保证饲草供给平衡。为促进种植业和畜牧业的可持续发展,就必须把饲料生产作为一个长期发展战略,在农区迅速完成从二元种植结构到三元结构的调整和转变。但仅仅建立三元结构农业还不够,还需要扩展三元结构的内涵,把开辟饲料蛋白质资源作为饲料生产的重要内容,把饲草种植纳入饲料生产中,增加茎叶体的生物量,缓解饲料中粗蛋白不足问题,建立可持续发展的种植业和畜牧业,大幅提高经济效益。

3.饲草种植能够提高生态效益

饲草作物根系发达,能在土壤中积累大量有机质,增加土壤中腐殖质含量,使土壤形成水稳性团粒结构,提高土壤肥力,提高后茬作物产量。尤其是豆科饲草和根瘤菌共生,可通过固氮作用提高土壤氮素水平,培肥地力。饲草根系发达,枝叶茂盛,其根茎或匍匐茎能迅速伸展,覆盖地面,减少雨水冲刷及地面径流,起到保持水土作用。饲草的种植可起到科学轮作、合理利用自然条件及土地资源的作用,在培肥地力的同时,控制田间病虫害的发生,充分发挥各种饲料的生产潜力,实现高产、稳产。各类饲草具有不同的生育特点,对光、热、水、土及养分的要求不一样,应有不同的轮作方式和顺序,通过调整种植结构,形成良好的种植循环,前作为后作创造增产条件,而后作又为前作补充不足,相互促进,既能充分利用环境条件,又能提高单位面积的产量和效益。

二 农区种草的必要性和可行性

1.优化畜禽产品结构,提高生产效率

从我国畜禽生产结构来看,需要加大草食家畜的供给,特别是肉牛、肉羊和奶牛的数量。我国牛奶消费量年人均仅 6.56 千克,远低于世界平均水平;我国每年需要羊肉 300 万吨,但实际供应量为 192 万吨,缺口 100 多万吨;牛肉也需要大量进口。因此,大力发展饲草产业,促进草食家畜的发展是大势所趋。在农区,家畜的主要饲料为精饲料和秸秆饲料,精饲料中长期存在蛋白质不足的问题,而秸秆饲料中各种营养成分含量低、适口性差,无法支持家畜的产奶、产肉、繁殖和配种等需要。饲草及常用精饲料玉米、农区秸秆营养成分见表 1-1。

表 1-1　四种饲草与玉米籽粒、农区秸秆的营养成分比较

饲料饲草种类	粗蛋白含量 (%)	粗脂肪含量 (%)	粗纤维含量 (%)	无氮浸出物含量 (%)
抽穗期青刈黑麦草	16.29	2.31	34.62	32.98
初花期紫花苜蓿	17.12	2.43	32.66	30.12
初花期草木樨	12.76	2.52	35.40	32.20
初花期沙打旺	10.07~15.38	1.12~2.17	20.89~37.92	33.09~39.92
玉米籽粒	8.7	3.6	1.6	70.7
玉米秸秆	6~8	1~2	22~35	42~57
小麦秸秆	3~6	1~2	32~41	32~42
稻草	3~6	1~2	21~33	38~49

(周禾、董宽虎、孙洪仁,2004)

从表 1-1 中可以看出,饲草的各种营养成分明显高于农作物秸秆。一方面,我国人均耕地面积少,单纯通过精饲料无法解决饲料不足问题,通过挖掘农区种草潜能,与精饲料和秸秆配合利用,可解决这一问题。另一方面,在各种家畜日粮中添加适量的草产品,能达到降低饲料成本,提高生产效率的目的。每亩(1 亩约为 666.7 平方米)地按平均产 400 千克小麦和 1 000 千克紫花苜蓿干草比较,前者提供的消化能为后者的 70%,粗

蛋白仅为后者的25%。通过逐步建立草地生态农业示范区,引导农民走种草—养畜—种粮的循环生态农业道路,既能保证农民经济收益,又能保持生态良性循环,是我国农区农业发展的新模式。

2.显著提高地力和后茬作物产量

种植饲草,特别是豆科饲草,不仅地上部分可以提供鲜草作为畜禽饲料,而且还可显著改善土壤肥力。种植4年的白三叶,每亩根系可达4 000千克,土壤中有机质和全氮含量比未种草前分别提高了110.3%和159.8%;每亩紫云英可固氮10千克,相当于330千克尿素。种植一年生黑麦草的土壤,其有机质、全氮和速效氮分别比未种前提高了20.12%、19%和77%。每亩豆科饲草大约可代替5千克氮肥的作用,还可降低土壤pH,促进土壤深层钾离子向表土转移,降低土壤有机质碳氮比。研究表明,通过光叶紫花苕与玉米轮作,其生物固氮效果相当于每亩为玉米提供6~7千克尿素,若将地上部分埋入土壤,4周后有一半以上的植物氮被释放到土壤中,相当于向土壤施入12千克尿素。前茬为紫云英的水稻,秧苗素质高、单株分蘖多,产量比未种植紫云英的高31%。1亩紫云英搭配少量精饲料可饲喂1头猪。农区种植饲草作用主要有:①改善和保护生态环境,达到碳中和目的;②有效利用各种自然资源;③提供安全的天然食品;④未来将成为能源的主要提供者。

3.农区种草的潜力巨大,市场前景广阔

我国农区有约2 000万亩的青饲料生产基地,有"四边地""三荒地"近2万亩,粮草轮作基地6 000万亩,草山草坡13.95亿亩。此外,我国南方每年有冬闲田约6 000万亩,南方丘陵耕地、北方灌区和旱作耕地也存在不同类型的冬、夏闲地约7 500万亩。另外,南方还有大量经济林地。充分利用这些资源种草,发挥农区经济基础强、技术力量雄厚、基础设施较好的优势,按照干草产量430千克/亩,在85%利用率情况下,农区人工种草理论载畜量为15亿个羊单位。

从市场来看,目前草产品供不应求,大量依赖进口。市场上多花黑麦

草青干草价格为 1 500 元/吨,紫花苜蓿青干草价格为 2 000 元/吨。我国每年大约有 1 亿吨饲草缺口,并且周边东亚国家如韩国、日本、新加坡等都对苜蓿需求量巨大,从地理位置和劳动力条件看,我国都具备竞争优势。以种植苜蓿养奶牛为例进行分析,种植 1 亩苜蓿比种植 1 亩粮食作物增产粗蛋白 70 千克,相当于增产谷物 820 千克,节省耕地 1.03 亩。1 亩地年产苜蓿青干草 900 千克,正好是 1 头奶牛(日饲喂苜蓿干草 2.5 千克)一年的需要量。苜蓿饲喂的奶牛比谷物饲喂的奶牛,一年产奶量增加约 600 千克,增产乳蛋白达 19.8 千克,节省饲料粗蛋白 66 千克,大大降低了奶牛饲喂所需要的耕地,且提高了产奶量。

4.农区种草的模式

农区通过与作物轮作、间作和套种等方式种植绿肥和饲草,这种耕作方式是我国农业能够持续 5 000 余年而地力不衰的重要原因。我国农区种草一直以绿肥为主,种草面积在 20 世纪 50 年代大约为 5 000万亩,60 年代约为 6 000 万亩,70 年代超过 1 亿亩,最高年份达到 1.5 亿亩,现在维持在约 1 亿亩。随着畜牧业发展,农区种草呈回升趋势,长江中下游和黄淮海地区利用冬闲田种植紫云英和多花黑麦草,北方主要种植紫花苜蓿,西南主要种植光叶紫花苕。

饲草营养价值丰富,为多种畜禽所喜食,可以在不同畜禽日粮中添加一定比例的饲草,以降低饲料成本。草食家畜,如奶牛、奶羊、肉牛和肉羊等,可通过饲喂苜蓿提高其饲料转化率,节约精饲料。此外,饲草还可以用来养鹅、鸡,可提高鹅、鸡肉品质;还可以通过种植禾本科饲草进行淡水养鱼,提高鱼品质,减少精饲料,每饲喂 2.5~3.0 千克多花黑麦草可获得 1 千克鱼。

▶ 第二节 饲草的种类、特性与生长环境

一 饲草的种类

按饲草植物学属性,可以将饲草分为禾本科、豆科和叶菜类。

禾本科饲草属单子叶植物,为一年生或多年生草本,根须状,没有主根,果实(或种子)为颖果,生长点或分蘖(分枝)处在植物基部,家畜啃食后可再生,耐牧性强。常见的有苏丹草(或高丹草)、黑麦草、象草、牛鞭草、羊茅和鸭茅等。

豆科饲草属双子叶植物,为一年或多年生草本,也有少数茎秆较坚硬,近似木质,根系为直根系,主根粗壮,入土较深,根上常着生根瘤,可固定氮素。豆科饲草分为 4 个亚科,即蝶形花亚科(重要的豆科饲草和蔬菜及粮食作物都属于此亚科)、含羞草亚科(95%以上的种类为木本植物)、云实亚科和斯瓦特兹亚科。豆科饲草(含绿肥)有 50 余种,常见的有紫花苜蓿、黄花苜蓿、草木樨、胡枝子、紫云英、红三叶和白三叶等。

叶菜类饲草主要包括菊科和苋科植物。这类植物一般叶大而宽,根系粗大,植物体蓬大,具有青绿多汁的饲草,干物质中粗蛋白含量高,蛋白质和氨基酸结构良好,含有丰富的维生素和无机盐,容易消化吸收,是畜、禽、鱼不可多得的优质青绿多汁饲料,但含水量大,无法制作干草,青贮也需要先晾晒除去部分水分。常见的有菊苣、苦荬菜、串叶松香草、籽粒苋、聚合草和甜菜等。

二 饲草的生物学特性

1.饲草的繁殖方式

饲草既可以通过有性繁殖,也可以通过无性繁殖。有性繁殖通过种

子繁殖,一般种子繁殖出来的实生苗,对环境适应性较强,同时繁殖系数
大。种子是一个处在休眠期有生命的活体,只有优良的种子,才能产生优
良的后代,选育性状优良的种子是提高饲草生产能力的关键。

无性繁殖是指依靠地上或地下茎、根或分蘖节形成新的个体或枝条
的繁殖方式。饲草放牧或刈割后的再生主要依靠营养器官繁殖完成。栽
培饲草无性繁殖类型主要有根茎型、疏丛型、匍匐茎型和轴根型。

根茎型除地上茎外,从地下分蘖节长出与主枝垂直、平行于地表的
地下横走茎,称为根茎。根茎由若干节间组成,节上常见小而退化的鳞片
状中叶,叶腋处腋芽向上长出垂直枝条,伸出地面后形成绿色的茎叶,茎
节向下生长出不定根。根茎分布于距地表 5~10 厘米处,在通气良好的土
壤中可达 20 厘米深。根茎常常后面部分死亡,尖端顶芽继续生长形成地
上枝条。根茎型饲草具有很强的营养繁殖能力,当根茎部分腐烂或耙地
切断后,每一根茎段便成为一个独立的繁殖体,在节处向上产生新枝条,
向下产生不定根。根茎向四周辐射蔓延,纵横交错,在一处形成连片的地
上植被。根茎对土壤通气条件敏感,当土壤中空气缺乏时,分蘖节便逐年
向上移动,以满足对空气的需求。土壤表层水分较少时,根茎移至一定
深度便死亡。因此,根茎型饲草在疏松、通气好的土壤中生长良好,适合
作为刈割或轻度放牧利用。优质
根茎型饲草有羊草、无芒雀麦和
赖草等(图 1-1)。

疏丛型饲草的茎基部为若
干缩短了节间的节组成的分蘖
节区,节上具有分蘖芽。分蘖节
位于地表以下 1~5 厘米处,分蘖
芽向上形成侧枝,与主枝成一锐
角,侧枝基部的分蘖节也可产生
次级分蘖枝条。疏丛型饲草能产

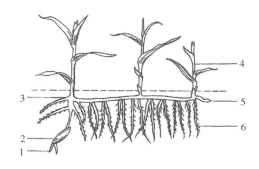

图 1-1 根茎型饲草
1—胚根;2—种子;3—分蘖节;4—地上枝;
5—根茎;6—不定根
(引自:杨青川、王堃,2002)

生多级分蘖,各级分蘖枝条都形成各自的根系,地面上形成疏松的株丛。分蘖节接近地表,对土壤空气要求不严,土壤水分暂时过多的情况也能生长良好,在具有透性的黏质壤土、腐殖质土壤上生长得最好。适合于刈割或刈牧兼用。优质疏丛型饲草有多年生黑麦草、鸭茅、羊茅和象草等(图1-2)。

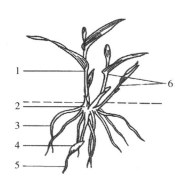

图1-2 疏丛型饲草

1—主枝;2—分蘖节;3—次生根;
4—种子;5—胚根;6—分蘖枝
(引自:杨青川、王堃,2002)

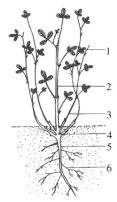

图1-3 匍匐茎型饲草

1—叶;2—主枝;3—侧枝;
4—根颈;5—主根;6—侧根
(引自:杨青川、王堃,2002)

匍匐茎型饲草母株根颈、分蘖节或枝条的叶腋处向各个方向生出平匍于地表的匍匐茎。匍匐茎的节向下产生不定根,腋芽向上产生新生枝条、株丛或匍匐茎。老枝条、株丛或匍匐茎逐渐死亡,新枝条、株丛或匍匐茎继续产生新枝条、株丛或匍匐茎。匍匐茎死亡后,节上产生的枝条或株丛可形成独立的新个体。匍匐茎在地面上纵横交错形成致密的草层。匍匐茎的繁殖能力强,带节的匍匐茎段可以通过营养体繁殖成新植株。匍匐茎型饲草耐践踏性强,适合于放牧利用。优质匍匐茎型饲草有狗牙根、白三叶等(图1-3)。

轴根型饲草具有垂直粗壮的主根,主根上长出许多粗细不一的侧根。入土深度一般从10厘米到200~300厘米或更深。茎基部在土壤表层下1~3厘米处与根融合在一起,加粗膨大部分为根颈,其上有许多更新芽,可发育为新生枝条，并以斜角方向向上生长。枝条上叶腋处具潜在芽，能发育为侧枝，侧枝可继续生出分枝。刈割或放牧后根颈上的更新芽和留在枝条上的潜在芽都可以长出新枝条，越冬后根颈上的更新芽萌发使饲草返青。在通气良好、土层较厚的土壤上发育最好。轴根型饲草适合于刈割或放牧利用。优质轴根型饲草有紫花苜蓿、草木樨、红三叶和柱花草等(图1-4)。

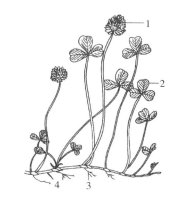

图1-4 轴根型饲草

1—花序；2—叶；3—不定根；4—匍匐茎

（引自：杨青川、王堃，2002）

2.饲草的再生性

饲草被刈割或放牧后重新恢复绿色株丛的能力叫作饲草的再生性。饲草再生主要依赖刈割或放牧刺激分蘖节、根颈或叶脉处休眠芽的生长来实现，其次还依赖受损伤枝条和茎叶的继续生长来实现。影响再生性的主要因素有饲草的种类、品种、环境条件、栽培管理、土壤肥力与水分、刈割次数、留茬高度等。

饲草的再生性通常用再生速度、再生次数和再生草产量来衡量。再生速度一般是指饲草刈割或放牧采食后恢复到可供再次利用所需要的时间，也有用饲草单位时间内生长的高度来表示的。初次刈割或放牧后再生速度较快，随刈割次数增加，再生速度下降。再生次数是一个生长季内可供刈割或放牧利用的次数。再生速度快，一年内利用的次数就多。利用的次数应该适宜，过多过少对饲草再生都不利。每次利用后，再生都会动用已贮藏的营养物质。生长季节内如果利用次数过多，地下营养器官营养物质减少，影响生活力和越冬。确定饲草适宜的利用次数，既要考虑饲草生长习性，使其能维持正常生活力，又要能获得较高的草产量。饲草刈割或放牧利用后形成的干物质数量为再生草产量，一般第一茬和第二茬草产量高、品质好，以后产量和品质下降。

3.饲草生长周期内的物质动态

饲草生长发育时期干物质、化学物质和贮藏物质按照一定规律进行变化,这种变化既关系到饲草本身生命活动,也是合理利用饲草的依据。多年生饲草返青时发育较弱,地上部分干物质积累较慢;当饲草进入抽穗或现蕾期时,茎叶生长加快,干物质积累显著增加;到开花中期至末期,干物质积累达到最大量。生长初期水分含量大,干物质较少,随饲草生长,水分减少,干物质逐渐增多。粗蛋白含量在生长初期较高,此后逐渐降低;粗脂肪含量在生长初期较高,此后逐渐降低,至拔节抽穗或孕蕾期最低,此后有所上升;粗纤维含量在生长初期较低,此后逐渐升高,至结实期达到最大。从营养价值看,生长初期营养价值最高。

（三）饲草生长的环境条件

环境能够影响和改变植物的形态结构和生理生化特性。植物对环境也有一定的适应能力并可改变环境条件。饲草在自然界中受到环境中的光照、温度、水分和大气以及生物因子的作用和影响。长期在一定环境条件下生长的饲草,由于自然和人工选择压力下遗传和变异的改变,获得对环境的适应性和抗性。

温度可以影响饲草的生理活动和生化反应,从而影响其生长发育、产量和品质。不同的饲草种类有不同的适应温度,甚至同一种饲草的不同品种对温度的适应性也不一样。冷季型饲草在过高温度时,处于不生长的夏眠状态;暖季型饲草,冬季会休眠。当温度低于−20摄氏度时,植物的呼吸作用变得很弱,但光合作用停止,此时维持生命依赖于消耗植物贮藏的营养物质。温度在30~35摄氏度时,光合作用能力最强,超过此温度,光合作用迅速减弱。但植物有些生活过程需要低温才能完成,许多植物种子需要经过低温春化作用才能正常发芽。饲草的临界温度是饲草生长发育受阻时的温度值。越冬性和越夏性也是不同地区饲草选择的重要依据。多年生草本植物在低温来临时,地上部枯死,而地下的越冬芽有机质增加,自由水含量降低,安全度过冬天,当气温回升后,开始返青。高温会使植物生长发育受阻,破坏植物光合作用和呼吸作用的平衡,使呼吸作用超过光合作用,可导致饲草因长期饥饿而死亡。

光照长度对饲草生长、开花、休眠及地下贮藏器官的形成都有显著影响。根据对光照长度的反应,可以将植物分为长日照植物、短日照植物、中日照植物和中间型植物。长日照植物只有当日照长度超过临界点时才能开花,短日照植物是光照长度短于临界点时才能开花,中日照植物是当昼夜长短比例接近或相等时才能开花,中间型植物不受日照长短影响。饲草为了适应一定的环境条件,形成了阳性饲草、阴性饲草和耐阴性饲草。阳性饲草只有在强光照下才能生长良好,适用于净作或间作;阴性或耐阴性饲草可以忍耐一定的荫蔽或在弱光照条件下生长,可用于林下或者高大植物下套种。

水分不仅是构成饲草的主要成分,而且参与饲草的生理、生化、代谢和光合作用,并溶解矿质元素,参与体内各种循环。饲草在长期演化过程中,生长在不同的水分条件下,长期适应,形成了不同生态类型,可分为湿生性、中生性和旱生性。多数饲草为中生性植物,北方饲草相对较耐旱,南方饲草相对耐湿。除此之外,土壤的肥力水平、耕作状态以及病虫害和土壤中的微生物对饲草的生长过程都有一定的影响。

第二章

草山草坡基础知识及管理技术

▶ 第一节　草山草坡的基础知识

草山草坡大多是在森林砍伐或抛荒后,自然演替形成的以草本植物群落为主的次生草地。采伐迹地土壤有一定的厚度,有较充足的水分和养分,草本植物和小灌木可迅速生长,形成次生植物群落,在南方常被称为荒山荒地。

一　南方草山草坡的概况

1.南方草山草坡的分布

我国南方 13 个省、自治区(不包括西藏)约有丘陵山地 30 亿亩,其中草山草坡约 9.45 亿亩,目前尚未得到充分利用。这些草山草坡的各类草场一般雨量充沛,适宜饲草生长,分布有野生饲草资源 3 000 种以上,其中有许多适宜酸性土壤生长、营养丰富、产草量高的多年生和一年生豆科、禾本科优良饲草及地方优良草种。山区人民经营牧业历史悠久,发展牧业的条件也十分优越。合理开发和利用南方草山草坡是关系我国南方国土治理、自然生态平衡和国计民生的重大战略问题。但是,长期以来由于在指导思想上忽视牧业发展,不抓草山草坡建设,甚至大量开垦草山草坡,破坏植被,加上有的草山草坡放牧过度,从而导致目前普遍存在的草质退化、生产力低下的状况。

我国南方草山草坡主要集中在广东、海南、广西、福建、浙江、江西、湖南、江苏、安徽、湖北、云南、贵州、四川 13 个省(自治区)的丘陵。各省(自治区)草山草坡的分布面积见表 2-1。

表 2-1　我国南方 13 省(自治区)草山草坡面积分布(单位:万亩)

省区	面积(万亩)	省区	面积(万亩)	省区	面积(万亩)	省区	面积(万亩)
广东	4 900.50	浙江	3 117.00	江苏	565.05	云南	26 284.95
海南	952.05	江西	6 664.05	安徽	2 494.95	贵州	9 424.95
广西	13 048.95	湖南	9 459.00	湖北	9 600.00	四川	10 285.05
福建	786.00						

(引自:林祥金,2002)

由表 2-1 可知,面积在 9 000 万亩以上的有云南、广西、四川、湖北、湖南、贵州,在 4 500 万亩以上的有江西和广东。在这些省(自治区)中,草山草坡面积占总面积的 20% 以上,其中,贵州、湖北、广西分别占 36%、31.5% 和 30%。

2.南方草山草坡的特点

我国南方气候条件优越,雨量充沛,大部分地区年降水量在 800~1 600 毫米,部分地区高达 2 000 毫米,气候温和,年均气温为 16~21 摄氏度,最冷月平均气温在 0~15 摄氏度, 全年 10 摄氏度以上积温 4 500~8 000摄氏度,无霜期为 270~300 天。南亚热带地区,有的一年中气温在 0 摄氏度以下的只有几天。这种温暖湿润的气候条件,对于饲草的生长极为有利,是发展种草养畜的有利条件。草山青草期长,枯草期短,有些地方可以做到四季常青。南方草山草坡地区水热条件好,无干旱、寒冷、风沙等不利因素,故草生长茂盛、覆盖度大、再生力强、产草量高。

但是,南方草山草坡的类型变化多样,分布犬牙交错。同时,也存在一些不利因素,主要表现在以下几个方面:

(1)南方草山草坡豆科饲草很少,禾本科饲草占绝大多数,而禾本科饲草大都茎秆粗硬,粗纤维含量高,草质较差,尤其是抽穗后迅速老化,营养价值低,适口性差,利用率低。据湖南南山牧场测定,5 月份旺草期粗

蛋白质含量也只有13%,粗纤维含量为27%;9月份扬花后,开始纤维化,粗蛋白含量下降到5%,粗纤维含量却增高到32%;到了10月份就成了干柴,牲畜不肯食用。

(2)南方草山虽然覆盖度大,但多为疏丛型草,不易形成深厚结实的草皮层,饲草不耐践踏。如果牧场超载或放牧过度,轻则造成草场退化,产量下降,好草减少,杂草增多,重则造成水土流失,使草山草坡变成荒山秃岭。

(3)南方平原、丘陵地区的草场比较分散零碎,不利于集中经营,而大面积成片草山大多分布在人烟稀少、交通不便的高山,开发利用较困难。

3.草山草坡的类型

草场类型主要分为四大类,即草丛类、灌丛类、疏林类和低温草甸类,其中以草丛类草场居多。根据部分草场资源普查资料,南方草场饲草品种资源丰富,可食性饲草有1 000多种,主要有黄背草、扭黄茅、白茅、狗牙根、雀稗、早熟禾、鹅冠草、野古草、细毛鸭嘴草、野苜蓿、紫花苜蓿、紫穗槐、野青茅、鸡眼草、胡枝子、红三叶等。

按照自然和社会经济等条件,可把南方草山草坡划分为以下两个经济生态类型区:

(1)东南部丘陵区,主要包括广东、海南、广西、福建、浙江、江西等省(自治区),以及江苏、安徽、湖北等省南端的一部分。有草山草坡4.56亿亩,人均草山草坡面积1.05亩。草地资源比较丰富,多年生黑麦草、红三叶、白三叶、苏丹草均可生长。该区内现有大牲畜存栏约3 513万头,其中,牛3 475万头(黄牛占55%,其余为水牛),另外有羊2 512万只。

(2)西南部岩溶区,主要包括云南、贵州、四川三省全部,以及广西西部、湖南西部一部分,是我国少数民族聚居较集中的地区,拥有独特的岩溶地貌。有草山草坡面积5.3亿亩,人均草山草坡面积4.2亩。天然草地多分布于较高的山地,红三叶草在云贵高原一带均可种植,现在该区内有大牲畜存栏2 570万头,其中牛2 433万头(黄牛与水牛的比例为68:32),另有羊1 815万只。

二 我国南方草山草坡的发展潜力

1.合理开发利用南方草山草坡,可以弥补我国农业资源的不足

目前我国人口已超过 14 亿,但随着国民经济发展的需要,耕地面积正在以每年 600 万亩的速度减少,加之人们的营养水平不断提高,需要的食物将越来越多,这就进一步加重了耕地的承载负担。食物的生产,不仅受到耕地资源的限制,还受到水资源的限制。我国是个水资源缺乏的国家,拥有的淡水资源仅占全世界的 7%。

南方各地的年降水量一般在 1 000 毫米以上,是黄河流域的 1~3 倍,是西北内陆地区的 10 倍以上;长江以南 0 摄氏度以上的积温为 5 500~8 000摄氏度,而北方各地则为 2 500~5 000 摄氏度。为确保粮食安全,过去北方采取了一些不利于生态环境建设的方式来大规模增加农业生产产量,虽然获得了农业生产的高速发展,形成了目前北粮南调的局面,对中国粮食安全贡献大,但同时也带来了一些生态环境问题,如资源分配上出现了南水北调的趋势。随着生态环境建设的加强,加强南方草山草坡的利用显得更为突出。实践证明,我国南方草山草坡在发展营养体农业和草食动物生产方面,具有较大优势。所谓营养体农业是指以不收籽实而专门生产植物茎叶为主的农业生产系统,可以用于挖掘非竞争性农业资源潜力,解决饲料不足问题;发展草食动物生产,可以增加肉类和奶类产量。

2.合理开发草山草坡,有利于发展我国生态食品

现代畜牧业生产普遍采取高度集约化的生产方法,如在畜牧业生产中,通过人工控制温度、湿度,提供一定营养成分的饲料生产肉、蛋、奶。采用这种经营方式可以节约土地、缩短生长周期,并使得肉质更鲜嫩,从而提高经济效益。但其缺点在于生产饲料的工厂在某个环节上一旦出现问题,饲料受到污染,将导致成千上万头(只)畜禽被污染。而生态农业是动物在本农场的土地范围内获得饲料,玉米、青草和干草等饲料均产于自有土地,能够有效防止污染和大规模动物性疾病。我国南方草山草坡特

别是位于中高山的草山草坡,受工业和农药污染较少,适合建设生态农场,生产无疫病污染和药残的生态食品,是发展生态畜牧业的理想场所。

3.合理开发南方草山草坡,有利于生态平衡建设

我国草山草坡 60% 以上面积分布在长江中上游区域,由于过去不合理的开发利用,主要是人口超载,特别是强调以粮为纲,导致毁林草开荒,造成水土流失、生态平衡破坏。全国约有 9 000 万亩耕地分布在 25 度以上的坡地上,其中大部分在南方草山草坡。对草山草坡实行的滥垦滥伐造成水土流失,给整个长江流域带来了不良影响:①水土流失使耕地土层日益瘠薄,土地生产力下降;②森林和草山草坡被破坏,增大了洪涝灾害的发生频率和强度,在雨季,高山峡谷地带山洪暴发,泥石流、山体滑坡来势迅猛,造成人畜伤亡,交通中断,房屋倒塌,林地和草地被冲毁,河道阻塞,导致自然灾害不断加剧;③上中游河道泥沙含量激增,湖库淤塞,减弱了引洪抗洪能力,上游水源涵养功能削弱;④大砍、大伐、大垦,使森林被毁,草地遭破坏,导致气候变异和出现荒漠化,干旱频繁,雨季缩短,大风骤增,蒸发加大,湿度降低,霜雪增多,农牧业增产增收困难;⑤森林草地面积锐减,使重点保护动物、植物失去其生存基础,导致珍稀动植物资源枯竭,生物类群趋向退化。

通过退耕还林还草可以恢复生物的多样性,形成更为稳定的自然生态系统,不断提高系统的纳污、自净能力,使生态系统最大限度地将人类及生物排入环境的物质重新纳入新的物质循环而不损坏环境质量。

▶ 第二节 草山草坡的利用与管理技术

对于南方草山草坡的利用,应从草山草坡的形成、发展和实际条件出发,加以合理利用,不宜绝对化,而要区别对待。

一 我国南方草山草坡的利用

南方草山草坡依自然地理气候特征,可分为亚热带丘陵伏秋旱灌丛草场、亚热带高山低纬度高海拔温凉湿润草场、热带丘陵伏旱灌丛草场和热带高原高山草场等类型。按利用现状,可分为用于放牧或割草的天然草场、经过人工改造的改良草场以及人工种植的永久性草地。各类草场的形成和利用都有长久的历史,其形成原因不同,现有条件(如气候、土壤、地形和植被,包括草的质量在内)都不同,因此,南方草山草坡的开发利用一定要从当地实际出发,坚持因地制宜、分类指导的原则,切不可照搬照套搞一刀切。如西南高山地区海拔 3 000 米以上的亚高山和高山草甸,一直是西南各民族发展牧业的良好草场,应以牧业为主。中南、东南和南部各省(自治区)主要是小山系和孤山,垂直海拔不高,往往在海拔 1 500 米以上会因风大、空气相对湿度低,形成不长森林的草甸。大多数南方山地丘陵,主要以森林为顶级群落类型,如热带山地雨林、季雨林、亚热带常绿和落叶阔叶林的混交林。由于人类活动频繁,这些森林被破坏并且停滞于灌丛、草坡阶段,应该以林为主,林牧结合。但对于土壤贫瘠的草坡,如以芒萁为优势群落,在不宜发展牧业而造林又极困难的情况下应先停止破坏,予以封育。总之,要因地制宜,合理开发,才能产生更高的生态和经济效益。

二 草山草坡的管理技术及利用

只有对草山草坡进行科学管理,合理利用,才能发展好南方草牧业。各级政府要把这个问题与国土整治、保护环境、发展经济、改善人民群众生活综合起来考虑,以便做出近期和长远规划,积极引导和教育广大农民,使其真正认识到,在南方地区草山草坡兴牧具有巨大的社会效益和经济效益。通过扶持重点户和示范户,使农民亲身感受到草山草坡兴牧的重要意义,以便起到以点带面的作用。

1.草山草坡的管理技术

采取综合措施,提高草场生产能力。为了提高现有草山草坡的生产力,保证草场稳定、均衡地为牲畜供应较好的营养物质,必须有计划地改良、建设现有草山草坡,使畜牧业生产真正建立在牢固的物质基础上。在具体措施上,要根据不同地形、不同草山草坡类型,因地制宜,综合考虑,权衡利弊,然后采取相应的改良措施,通过试验、示范,逐步推广。

(1)对于海拔较高、坡度较陡的草山,应以林为主,林牧结合,选择耐阴、抗寒性较强的多年生豆科、禾本科草种,清除灌丛,进行补播或林草混播。

(2)对于坡度较大、缺乏灌溉水源的丘陵草场,可以推广亚热带山地行之有效的"山顶戴帽子(植树造林),山腰系带子(营造稀疏经济林,林间种草),山脚穿鞋子(人工种植饲草饲料)"的山地利用方式。为防止经济林间的水土流失,可采用林草间种,即一带经济林一带草,或结合经济林的耕耘管理种植豆科饲草。这样既可减轻地表径流,又可解决经济林的用肥、增产问题。

(3)对于坡度平缓便于耕作的草地,应按地形划分利用区,平缓处设为人工割草地或放牧地,沟槽营造薪炭林,缓丘营造经济林。

(4)充分利用弃耕地种植豆科饲草或豆科与禾本科混播饲草,实行草田轮作,取代开荒弃耕。这样做费工不多,既为畜牧业生产了优质饲草,又能提高土壤肥力和改善土壤结构。

(5)南方有许多光山秃岭,土地条件很差,不利于植物生长,可结合荒山治理种植饲草。

选用优良的草种是草山草坡改良的关键。草种是草山草坡改良的基础,优良的饲草品种产量高,营养全面,成本低,一般粗蛋白含量占干物质的 12%~26%,尤其是豆科饲草含动物所必需的 10 种氨基酸,比大麦、玉米、燕麦都多。为了提高牧业经济效益,在利用草山草坡天然草场的基础上,必须选择土壤、水利、气候条件较好的地方,建立高产优质的人工草场,并培育和引进优良饲草品种,如黑麦草(禾本科)和红三叶、白三叶

（豆科）。优良饲草营养丰富，可以提高牲畜对精饲料的利用率。实践证明，奶牛在人工改良的草地上放牧所需的精料比在天然草地上要低50%，到盛草期，在人工草地上放牧的奶牛甚至可以停喂精料，且仍可保证产奶量不降低。因此，加速选育适合于不同用途、不同栽培条件的饲草良种，是一项十分紧迫的任务。

科学管理，提高草山草坡的生产潜力。我国南方草场基本上都是原生植被受到破坏后形成的自然草场，合理开发利用发展畜牧业十分有利。但是，对草场不能只利用不改造，或者只放牧不保护，这样不仅草场生产潜力得不到发挥，而且将导致草场退化和引起水土流失，应该合理轮牧，防止乱牧。为了使草地保持比较稳定的生产性能，就应根据不同草地类型，制定合理的轮牧制度，避免造成局部地区过度放牧，而其他地区得不到合理利用的不利局面。

提倡舍饲，实行舍饲与放牧相结合。南方草山草坡一般有3~4个月的枯草期。在此期间，传统做法大都是依靠稻草饲喂，缺乏打草备冬的习惯。要使畜禽吃饱吃好，四季膘肥体壮，冬季提供营养丰富的饲草尤为重要。贮备青干草和青贮料，可以保证畜禽在冬季能获得足够的营养。

采取积极措施建立良性生态环境。之前的开发利用打破了原有的生态平衡，现在不能强求把平衡恢复到原始状态，而是应遵循平衡—不平衡—再平衡的规律办事。澳大利亚、新西兰等国在发展草地畜牧业时，先砍掉树木，种上草后，又在草场有计划地种树，建立了丰产的永久性草场，形成一个新的良性生态系统。人工草场的建设除了播种优良饲草外，还应有牧道围栏等配套设施。利用配套设施，可以避免畜群对草场的践踏和过牧，可以合理轮牧使草场得到休养。同时注意对草场的施肥、除杂、管理，变"索取"式经营为"投入与产出平衡"的经营方式。通过合理利用和管理，建立和维护新的生态平衡。

2.草山草坡的利用与对策

一是加强基础设施建设。长期以来，公路交通落后一直是制约整个

西部,特别是少数民族地区,其中包括草山草坡地区经济发展的重要因素。目前西部地区基础设施已经得到极大的完善,促进了草山草坡的开发和利用。特别是利用高山草场丰富的风力和水力资源发电,解决能源问题,将具有重要的战略意义。

二是进一步实施退耕还林还草战略。我国已全面实现小康,粮食消费由追求数量变为追求质量,由粗变细、由单一变多样、由普通变优质。农业和粮食发展由受资源约束,转变为受资源和需求双重约束。通过退耕还林还草,可把边际土地和弱势土地退出粮食生产,发展适合自然优势和高附加价值的农林牧渔产品,有效改善生态环境,绿化山川,美化祖国。

三是根据草山草坡分散的特点,坚持畜牧业生产因地制宜、大中小相结合的方针。为此,应根据草场面积大小和饲草资源状况,合理规划。除采用"公司+农户"的形式外,应积极鼓励和帮助农户发展家庭养畜业,以便充分利用各地零星分散的饲草资源,调动人员的积极性。明确草山草坡的所有权、使用权和经营权并合理流转,积极探索,用养结合,保持生态平衡,防止水土流失。严禁只顾当前、不顾长远,只顾个人、不顾全局的掠夺式经营。对破坏草场资源造成不良后果者,要依法追究其经济和法律责任。

四是规范草山草坡改良及人工草地建设。提倡以豆科饲草(紫花苜蓿、白三叶、百脉根等)为主、优质禾本科饲草(鸭茅、苇状羊茅、狗牙根等)为辅的基本原则,使有限的土地提供更多的植物蛋白质饲草料。在建立以苜蓿为主的混播草地时,可采用先单播苜蓿,待苜蓿生长到15厘米以后,再在苜蓿植株的空隙地内播种鸭茅、高羊茅等多年生禾本科饲草,使其形成优质的豆禾混播草地。增加优良饲草比例,提高草山草坡饲草质量。同时,尽可能采用免耕直播技术进行地面处理,施足肥料,草地至少每年要施肥3次以上。

五是加快饲草加工贮藏综合利用体系建设。机械化、设施化是建立高效养殖业的基础。随着劳动力成本越来越高,为提高生产效率,必须推广和普及青贮揉搓机、青贮窖池,减少饲草饲料的营养损失,提高利用率,实现季节性均衡供应。

第三章

饲草地建植及管理技术

第一节　饲草地的建植技术

一　草种选择

正确选择草种是成功建植草地的关键。草种选择不当,可能导致草地建植失败,或者产量低、质量差,或与生产目的不符,不能取得应有的效益。草种选择应依据草地建植目的、草地利用方式、饲草种植制度和草种生态适应性等进行选择。

1.根据草地建植的目的进行草种选择

饲用草地应选择产量高、适口性好、营养价值高和对畜禽无毒害的草种,如紫花苜蓿、三叶草、草木樨、柱花草、黑麦草、象草、籽粒苋、甜菜、苏丹草(或高丹草)等。绿肥草地应选择具有固氮能力的一年生或二年生豆科草种,如紫云英、毛苕子、箭筈豌豆等。果园草地应选择低矮或匍匐,具有一定耐阴性的多年生草种,如白三叶、鸡脚草、鸡眼草,以固氮能力强的豆科草种为宜。水土保持草地应选择根系发达或具有发达根茎或匍匐茎的多年生草种,如白三叶、百脉根、狗牙根等。

根据饲草利用方式不同,草种选择也应有所区别。刈割草地应选择株丛较高、上繁、耐刈性强的多年生饲用草种,如豆科的紫花苜蓿、沙打旺、红豆草、柱花草和银合欢等,禾本科的黑麦草、苇状羊茅、象草和苏丹

草(或高丹草)等,饲用作物玉米、高粱、燕麦、串叶松香草、籽粒苋等。放牧草地应选择株丛较为低矮、下繁或茎匍匐、耐牧性强的多年生草种,如豆科的红三叶草、百脉根、扁蓿豆、野生大豆和大翼豆等,禾本科的多年生黑麦草、草地早熟禾、羊草、鸡脚草和冰草等。

根据饲草种植制度进行草种选择。仅利用一个生长季或生长季中的某一段时间,种一次仅利用一茬的季节性复种、套种草地,应选择生长迅速的一、二年生饲用草种,如豆科的草木樨、紫云英、毛苕子和箭筈豌豆等,禾本科的一年生黑麦草、苏丹草(或高丹草)、燕麦和黑麦等。短期轮作草地,利用年限2~4年,应选择二年生或短寿命多年生饲草品种,如豆科的草木樨、红三叶、红豆草和沙打旺等,禾本科的多年生黑麦草、苇状羊茅、披碱草和老芒草等;也可选用多年生饲草品种,如紫花苜蓿。长久草地,利用年限6年以上,应选用多年生饲草品种,如豆科的紫花苜蓿、白三叶、柱花草等,禾本科的无芒雀麦、多年生黑麦草、冰草、狗尾草和象草等。

2.根据生态条件进行草种选择

生态适应性是指在一定的生态环境条件下具有一定的生物种类和数量,是草种选择的基本依据之一。每一种生物都有一定的生态适应范围,超出适应范围便无法生存,在其耐性范围内存在一个最适生长范围,在最适生长范围内,生产力最强。应该选择最适生长范围与当地生态环境条件相吻合的草种,以便取得较高的生产力和较大收益。影响草生长的生态因子包括气候、土壤、地形、水文、生物和人类活动等。生产实践中,草种选择主要考虑气温、光照、降水(下水位和淹水)、土壤酸碱度和含盐量等。

植物只有在一定的温度范围内才能正常生长发育。温度过高或过低都将妨碍植物生长发育,甚至导致其生长发育停止和死亡。导致植物死亡的极端高温和低温称为致死温度。不同草种的最高、最适和最低温度不同,适应的气候和地理区域也不同。根据对温度的适应性,可以将草分为冷地型、暖地型和过渡带型三类。冷地型草最适生长温度为15~25摄氏度,抗寒性强,在北方能够安全越冬,在南方冬季低温时依然保持绿色,继续生长,但耐高温能力差,在炎热夏季常出现休眠现象,适宜于黄河以北地区种植,如豆科的紫花苜蓿、红豆草和草木樨等,禾本科的苇状羊茅、披碱草和黑麦草等。暖地型草最适生长温度为26~35摄氏度,耐热性强,能适应夏季高温,但抗寒能力差,在南方冬季低温时出现休眠,在北方不能自然越冬,适宜在长江以南地区种植,如豆科的柱花草、紫云英和银合欢等,禾本科的狗牙根、象草和苏丹草(或高丹草)等。过渡带型草的温度适宜范围比较广,在黄河以南、长江以北地区能够良好生长。由冷地型草中耐热性强和暖地型草中抗寒性强的品种构成,如豆科中的紫花苜蓿高秋眠性品种、三叶草和二色胡枝子等,禾本科的苇状羊茅、狗牙根和苏丹草(或高丹草)等,饲用作物的玉米、高粱和串叶松香草等。

日照长短、光照强度和光谱成分都对饲草有一定的影响。光照是饲草生态型或地方品种形成的重要影响因素。室温下,日照越长,干物质产量或种子产量就越高。同时,光照还能影响周围温度或其他环境条件,间接影响饲草生长。因此,不同地区选择不同光照长度反应的饲草(长日照、短日照、中日照和中间型),以及不同栽培条件下选择不同反应的饲草(阳性、阴性和耐阴性)。

水是植物生存的必要条件。植物的生长与水分消耗密切相关,增长一定量的干物质需要消耗一定量的水。植物每增长1克干物质所消耗的水的克数称为植物的蒸腾系数。不同植物的蒸腾系数不同,根据植物对水分的需求将植物划分为湿生性植物、中生性植物和旱生性植物。栽培饲草多为中生性或旱生性植物,湿生性植物较少。旱生性植物抗旱性最强,湿生性植物抗旱性最弱,中生性植物介于两者之间。水分条件是草种选择的重要依据。北方选择抗旱性强的草种,南方选择耐涝或耐湿性强的草种。水分过多会造成地下水位过高,甚至地面淹水;地下水位过高,导致地下根缺氧。一般直根系、深根性植物不耐高地下水位和地面淹水,

须根系、浅根性植物的耐涝性较强。

土壤的酸碱性和含盐量也是草种和品种选择的重要因素。过高或过低的酸碱度和含盐量都将抑制植物生长发育，甚至导致植物死亡。南方一般酸性土壤较多，北方碱性土壤较多，因长期选择和适应的结果，暖地型草往往适应酸性环境，冷地型草往往适应碱性土壤，并有一定的耐盐性。随着南方推广草食畜牧业，种草养畜规模越来越大、数量越来越多，一些此前在北方种植的草种也被大量引入南方种植，如紫花苜蓿。因此，在南方饲草推广和草地建植中，加强耐酸性、耐涝性品种的选育显得尤为重要。

二 土壤准备

1.土地耕作

广义的土地准备主要包括制定总体规划、土地平整、排灌系统建设、土壤耕作、土壤改良和施底肥等，狭义的土地准备主要指土壤耕作。总体规划包括土地建设方案、道路修建方案、排灌蓄水系统设计方案、土壤改良措施等。按照规划要求，平整土地，修建道路，建设排、灌、集合蓄水系统。土壤耕作可以改善植物生长条件和土壤结构，把作物残茬和有机肥料等掩埋并掺和到土壤中，控制杂草。

土地耕作包括基本耕作和表土耕作。基本耕作作用于整个耕层，作业强度高，对土壤影响大，包括翻耕、深松耕和旋耕3种方式，可根据具体情况选择适当的方式。翻耕又称为翻地、犁地或耕地，对土壤具有切、翻、松、碎和混等作用，能一次性完成疏松耕层、翻埋残茬、拌混肥料和控制病虫草害等作用。深翻一般深度在20~25厘米，浅翻为15~20厘米。种植禾本科饲草等浅根性草可以浅翻，而种植豆科饲草等深根性草需深翻。此外，还可以根据情况采用深松耕或者旋耕。表土耕作主要作用于土壤表层10厘米以内，包括耙地、糖地、镇压、做畦和起垄等，为播种和植物生长创造良好条件。

2.土壤改良

土壤改良是将改良物质掺入土壤中,以改善土壤理化性质。当土壤存在明显的障碍因子,以致严重影响草的生长发育时,就需要对其进行改良。土壤改良包括质地改良、结构改良、酸土改良和盐碱改良等,一般结合土地平整,道路及排、灌、集合蓄水系统建设,土壤耕作和施肥等作业进行。

砂土保水保肥能力低,黏土透气性差,对粗砂土和重黏土应进行改良,主要改良土壤耕作层,通过砂土掺黏、黏土掺砂,使土壤既有通透性又有保水性。改良时,应因地制宜,就近作业。如在我国南方,红土丘陵的酸性黏质红壤与石灰质的紫砂土常相间分布,可以通过取紫砂土改良红壤,调节土壤酸碱度,增加钙质营养。土壤的团粒结构能够使土壤透水、保水保肥、通气和保温等,有利于根系在土壤内穿插。结构改良的措施主要是施用有机肥和土壤改良剂。此外,种植一年生或多年生的豆科绿肥也能起到改良土壤团粒结构的作用,还可利用石灰改良酸性土壤,通过水洗盐碱等措施改良盐碱土等。

三 播种技术

1.选用优质种子

草地种子包括豆科植物的种子和荚果,禾本科的颖果和小穗,以及其他科植物的种子及含有种子的繁殖器官等。广义种子称为播种材料,还包括一些饲用作物的块根和块茎,以及一些植物的根茎和匍匐茎等。优质种子是适宜种植地区的高产、优质和抗性强的品种,同时纯净度高、籽粒饱满、整齐一致、含水量适中、生活力强、无病虫害。常用数量化评定指标有纯净度、千粒重、含水量、发芽率、发芽势和种子用价等。

千粒重是指1 000粒自然干燥种子的总质量。含水量是指供检种子样品中所含水的质量占种子样品质量的百分数。适宜的含水量对种子生活力、寿命以及贮藏和运输等至关重要。通常要求豆科植物种子含水量在

12%~14%,禾本科在 11%~12%。发芽率是指标准环境条件(适宜种子发芽的条件)下,最终测定正常发芽种子占总供检种子数的百分比,一般 7~28 天能够反映种子的质量好坏。发芽势是发芽初期(一般为 3~10 天)发芽种子数占供检种子数的百分比,能反映种子的生活力和发芽整齐一致性。

$$草种纯度=\frac{供检种子粒数-异种粒数}{供检种子粒数}×100\%$$

$$草种净度=\frac{(样品总质量-杂质质量-其他植物种子质量)}{样品总质量}×100\%$$

$$种子用价=净度×发芽率×100\%$$

2.种子预处理

种子预处理包括清选去杂、破除休眠、药物处理、种子施肥、根瘤菌接种、包衣、浸种催芽等措施。对净度低、杂质多的种子,以及带有长芒、绵毛等附属物的种子,使用播种机播种时,存在流动性差的问题,影响播种质量,应在播种前进行相应的处理。例如,杂质多的种子用气流筛选机、比重筛选机等筛选,有芒种子用去芒机等进行处理。种子休眠有生理休眠、硬实休眠和抑制休眠。生理休眠是指种子脱离母体时,种胚尚未完全成熟,需要经过一段时间的后熟作用才能发芽,许多禾本科草种都存在生理休眠,如苇状羊茅需要 3~4 周,草地早熟禾则需要 1 年。生理休眠常常通过晒种(阳光下暴晒4~6 天)、加温(30~50 摄氏度处理 7 天)、变温(低温 0~10 摄氏度持续 16小时,高温 30~40 摄氏度持续 8 小时,变温 7 天)、沙藏(0~10摄氏度低温湿沙处理 7 天)和硝酸钾(0.2%硝酸钾溶液浸泡 12~72 小时)处理来破除休眠。硬实休眠是因为种子(果)皮结构致密坚实或者具有角质及蜡质层,不能透水透气,从而导致种子不能发芽,很多豆科草种都存在硬实休眠现象,可通过机械损伤(切背、碾磨)、低温处理(0~10 摄氏度低温 7 天)、化学处理(用浓硫酸或盐酸腐蚀种子几分钟到半小时,有的也用过氧化氢溶液处理)来破除休眠。抑制休眠是某些部位存在抑制种子萌发的物质,如乙烯以及各种芳香油、生物碱等,一般通过流水洗涤破除休眠。

对种子进行杀虫剂、杀菌剂药物处理以防治病虫害,包括包衣、丸衣、拌种和浸种处理。包衣是将药物、肥料、保水剂、生长调节剂和微生物制剂等物质包裹在种子表面的处理技术。包衣材料包括有效剂和助剂两部分。有效剂包括杀虫剂、中量和微量元素肥料、抗旱保水剂、促进生根和出苗的生长调节剂、固氮及促进土壤养分释放或改善微生物环境等功能的微生物制剂。助剂包括成膜剂、分散剂、缓释剂、防冻剂和染色剂等。丸衣主要是增加播种种子的体积和质量,改善种子的流动性,同时兼顾其他处理。丸衣处理后种子呈球形或近球形,质量增加数倍甚至几百倍,丸衣后可使播种均匀。拌种常用的有灭菌粉剂,如菲醌、萎锈灵等防治真菌类粉剂,用于豆科的紫花苜蓿、三叶草,禾本科的苏丹草、高粱等。药液浸种和催芽,包括用1%的石灰水浸种可防治禾本科的根瘤病、赤霉病,用1:10盐水或1:4过硫酸钙溶液浸种可有效淘除紫花苜蓿种子中的菌核、籽蜂和麦角菌核。浸种催芽主要是为了保证苗早、苗齐、苗壮或者抢农时,以及在田间缺苗时补播种子。播前浸种催芽的前提条件是土壤湿润或具有灌溉条件。施肥是指用肥料包衣、丸衣、拌种或浸种,主要是针对需要量很少的营养元素,是一种简便而有效的措施。施用肥料的种类和方法应综合考虑实际情况,如豆科植物接种根瘤菌时通常结合施用钼肥。根瘤菌接种是豆科饲草播种的一项重要措施,根瘤菌接种主要应用于此前草地未种植该种豆科饲草或种植时间间隔较久的土地,以及土壤条件不良的土地,这些土壤中根瘤菌含量低和根瘤菌簇不匹配,通过接种高效固氮、竞争结瘤能力强的根瘤菌,提高豆科饲草与根瘤菌的共生固氮能力。

3.选择播种方式

根据种子在田间的平面分布方式,将草的播种方式分为点播、条播、带播和撒播。点播也称穴播,是按一定株距开穴播种,通常顺行开穴,也可以无规则开穴。此方式节省种子,田间管理方便,利于株型较大的饲料

作物和灌木的生长,对种子生产有利,便于在土地不够平整的地块播种,但较费工。条播是按一定行距开窄条沟、无株距播种。此方式的优点是田间管理方便。以利用营养体为目的时行距选15~30厘米;以生产种子为目的时行距选45~90厘米,株型较大的饲料作物和灌木行距宜宽,通常为50~60厘米,株型较小的一年生或多年生植物的行距适当减窄,为12~15厘米。带播也称宽带播种和撒条播,是按一定的带距开带状宽沟,带内无行距、株距播种。撒播时不开穴、不开沟,田间管理不方便,但播种省时省力,适合于果园草地、水土保持草地、放牧草地播种以及天然草地补播。

根据播种面在田间的地坪高低,分为平播、低畦播种、高畦播种、起垄播种和犁沟播种。平播时,播种面与田地自然地坪一致,适合于无灌溉条件的干旱、半干旱地区和排水良好的湿润半湿润地区。低畦播种时,播种面略低于田地自然地坪,便于引水灌溉,适合于北方灌区。高畦播种时,播种面略高于田地地坪,便于排水,适合于南方多雨地区。起垄播种时,播种面显著高于田地地坪,有利于提高地温,便于灌溉和排水。犁沟播种时,播种面显著低于田地地坪,在无灌溉条件的干旱和半干旱地区普遍采用。

根据不同草种的特征和生产实际需要,可以将草同期播种或者分期播种,还有不同草种的单播或者多个草种一起混播。播种上可采用联合播种,即结合播种进行施肥、浇水和施药以及接种剂等处理一次性播种,或采用非联合播种,也就是单独播种。

根据是否采用覆盖措施,又分为覆盖播种和无覆盖播种。根据是否耕作,分为免耕播种和耕作播种。不同的播种方式可以联合选用,如当前推广较多的免耕覆秸播种技术等。

根据播种的方法,可以选择手工播种和机器播种等方式,天然草地改良还可以采用飞播、喷播等方式。

4.播种时期的选择

为了达到苗早、苗齐、苗全和苗壮,便于苗期管理,高效利用土地,满足社会需求等目标,需要选择合适的播种时期。一般要考虑气候、土壤、生物和人类生产活动及草种的生物学特性。气温是影响播种时期的重要因素,只有在一定温度下种子才能发芽,幼苗才能生长。种子萌发的最低温度在 0 摄氏度以上,其中一部分在 10 摄氏度以上,最高萌发温度在 35 摄氏度以上,一般高温不会抑制种子发芽,但会影响冷地型草种幼苗生长发育;低温限制种子的萌发,冬季不适宜播种,开春气温上升到种子萌发所需要的最低温度后,直至秋季霜冻前 1~1.5 个月,都可以播种,但不能过晚,否则幼苗不能储存足够营养物质,寒冬下可能会被冻死。不同种子的萌发温度见表 3-1。

表 3-1　部分饲草种子的萌发温度

草种	最低温度(摄氏度)	适宜温度(摄氏度)	最高温度(摄氏度)	草种	最低温度(摄氏度)	适宜温度(摄氏度)	最高温度(摄氏度)
紫花苜蓿	0~4.8	31~37	37~44	苏丹草	8~10	25~30	40~50
红豆草	2~4	20~25	32~35	黑麦	0~4.8	25~31	31~37
三叶草	2~4	20~25	32~35	大麦	0~4.8	25~31	31~37
箭筈豌豆	2~4	20~25	32~35	燕麦	0~4.7	25~31	31~37
无芒雀麦	5~6	20~30	35~37	玉米	4.8~10.5	37~44	44~50
猫尾草	5~6	20~30	35~37	高粱	4.8~10.5	37~44	44~50
黑麦草	2~4	20~30	35~37	胡萝卜	10 以下	15~25	30

(引自:周禾、董宽虎、孙洪仁,2004)

降水也是播种时期选择的重要因素。无灌溉条件的干旱、半干旱地区,应在雨季播种或早春顶凌播种;湿润地区降水集中季节不宜播种,在水土流失严重地区的播种应避开暴雨频发期。空气湿度也应考虑,湿润、半湿润地区不宜在高温高湿的夏季播种;相反,干旱地区不宜在干热风频发的季节播种。关于土壤的湿度,一般要求土壤含水量在 40%~80%为宜。此外,杂草控制、复种和轮作等都是考虑播期的重要因素;同时还要考虑草种本身的生物学特性,如抗寒性和耐热性等。

5.影响播种的其他因素

影响播种的因素还包括播种量、播种深度、镇压和覆盖等。播种量过

少,生物量过低,不能满足生产要求,达不到种植目的;播种量过大,不仅浪费种子,且密度过高,生长的营养空间不足,植株发育不良,也难以满足生产需求。田间密度取决于草的株高、冠幅和根幅,株高越高、冠幅和根幅越大,田间密度越小;反之,株高越矮,冠幅和根幅越小,密度越大。草种因自身或环境原因,很多不能顶土出苗,或出苗不能成株,为了保证合理密度,需要加大播种量。部分草种的单播经验播种量见表3-2。

表3-2 部分草种的单播经验播种量

草种名称	播种量 (千克/亩)	草种名称	播种量 (千克/亩)	草种名称	播种量 (千克/亩)
山黧豆	10～12	柱花草	0.3～0.5	猫尾草	0.5～0.8
箭筈豌豆	4～5	沙打旺	0.3～0.5	碱茅	0.5～0.8
红豆草	3～6	白三叶	0.3～0.5	蚕豆	15～20
毛苕子	3～4	羊草	4～5	燕麦	10～15
紫云英	2.5～4	老芒麦	1.5～2	大麦	10～15
羊柴	2～3	无芒雀麦	1.5～2	豌豆	7～10
草木樨	1～1.2	苇状羊茅	1.5～2	玉米	4～7
柠条	0.7～1	披碱草	1.5～2	高粱	2～3
红三叶	0.6～1	蔺草	1.5～2	苏丹草	1.6～2.5
紫花苜蓿	0.5～1	黑麦草	1～1.5	甜菜	1.6～2
鸡眼草	0.5～1	冰草	1～1.2	谷子	1～1.6
百脉根	0.4～0.8	草地早熟禾	0.6～1	胡萝卜	0.5～1
多变小冠花	0.3～0.5	鸡脚草	0.5～1	苦荬菜	0.5～0.8

(引自:周禾、董宽虎、孙洪仁,2004)

播种深度受到土壤湿度和种子顶土能力的影响。一般土壤干旱时,播种深;单子叶种子胚芽呈针状,顶土能力强,可以深播,双子叶豆科种子胚芽稍钝,子叶出土、顶土能力弱,需要浅播;轻质土壤较为疏松,可深播,黏质土壤需浅播。播种前镇压有利于精确控制播种深度,播种后镇压可使种子与土壤接触紧密,有利于种子吸水发芽。特别是气候干旱的北方地区,播种前后镇压可以提墒,同时镇压还能够有效防止种子萌发后出现"吊根"现象。地膜覆盖不但可以有效保水节水,而且可以防止杂草滋生以及在初春有效提高地温,特别适合于穴播种植的饲料作物。也可采用稻草、麦秸等进行覆盖。

▶ 第二节 饲草地的管理技术

一 初建草地管护

初建草地管护的目标是苗全、苗壮。管护上主要包括破除土表板结、补苗、间苗、定苗、中耕与培土、灌水与施肥、病虫害与杂草控制、越冬与返青期管理等。播种后遇中到大雨,雨后连续晴天,地势低洼地段,以及潮湿土壤,播种后镇压以及灌溉后,土表水蒸发而失水板结,一般可用短齿钉耙轻度耙地,有灌溉条件的可采取灌溉破除板结。出苗后缺苗严重时,需要补种或者移栽补苗。为加速出苗,补种前可进行浸种催芽。对于冠幅较大的饲料作物,当出苗密度过大时,应进行间苗和定苗。对于种子生产和大冠幅的饲料作物,通过中耕可以疏松土壤,增加土壤气体交换,促进根系生长,减少水分散失,提高土温并控制杂草。培土可以防倒伏,有利于排水和灌水,对块根和块茎饲料作物还可促进块根和块茎生长。苗期干旱时,应及时浇水灌溉。苗期因苗小、幼嫩、覆盖面小,特别容易遭受病虫害和杂草危害,因此应特别注意病虫害和杂草控制。

二 施肥

1.施肥的必要性

肥料是植物的粮食,要想获得高产,必须重视施肥环节。根据植物对营养元素的需要情况,可以将营养元素分为必需元素和有益元素。必需元素就是植物生长过程中不可缺少的元素,目前确定的必需元素有16种,分别是碳、氢、氧、氮、磷、钾、钙、镁、硫、铁、锰、铜、锌、钼、硼和氯。其中,含量在千分之一以上的称为大量元素,包括9种,即碳、氢、氧、氮、磷、钾、钙、镁和硫;含量在千分之一以下的称为微量元素,后面7种为微量元素;

但经常将钙、镁和硫称为中量元素。尽管16种元素需要量差别很大,但对植物的营养作用同等重要,相互间不可替代。还有一些元素并不是所有植物都必需的,但对某些植物必需,或有利于植物的生长,或减轻其他元素毒害作用,或起专一性较低的作用,如维持渗透压或代替其他必需元素,或者在食物链中必需,这些元素称为有益元素。如钠对于一些C_4植物而言是微量营养元素;硅对于一些禾本科植物而言是必需的,缺乏则导致植株生长不良;钴能促进豆科植物共生固氮;硒能促进植物生长。

植物所需的营养元素除碳、氢和氧来源于空气和水外,其他营养元素都依赖于土壤供给。人类从事植物生产,在从土地上移出植物产品的同时,也移出了植物从土壤中吸收的养分。土壤中养分有限,如果光是移出而不予以归还,土壤中养分元素势必越来越少,从而导致地力减退,植物产量下降。因此,必须通过施肥的形式将这些养分归还给土壤,使养分亏损和返还保持平衡。

2.施肥的原则

植物生长发育需要吸收各种养分,但决定因素是土壤中的最小养分,在一定范围内,产量随该种养分增减而升降。最小养分不是一成不变的,某一时期植物最感缺乏的营养元素超过植物需求时,则另外一种营养元素就将成为新的最小养分。进行养分归还时,首先要归还最小养分,只有在最小养分得到满足时才考虑归还其他养分。植物对氮需求量较高,而我国农田中氮相对缺乏,因此施氮肥是首选。次感缺乏的养分是磷。长江以南地区土壤缺钾突出。氮、磷和钾是相对于植物需求最感不足,需要大量施用的养分,又被称为"肥料三要素"。施肥措施需要与其他因子共同作用,如水分、温度、耕作条件等。同时,植物的营养元素又分为可移动元素和不可移动元素。可移动元素缺乏时首先表现在老的组织(叶片等)上,此类元素有氮、磷、钾和镁等;不可移动元素缺乏时首先表现在新生组织上,此类元素有钙、铁、锰和铜等。营养元素缺乏症和中毒症见表3-3、表3-4(参考:周禾、董宽虎、孙洪仁,2004)。

表 3-3 植物必需矿质元素缺乏症

元素	症状说明
氮	植株矮小、瘦弱、直立。叶片绿色转淡,呈淡黄或红绿。失绿叶片色泽均一,一般不出现斑点或花斑,叶细而直。症状通常从老叶开始,逐渐扩散到上部。下部叶片黄化后提早脱落。根系色白而细长,根量少。花和果实量少而早衰,籽粒提前成熟,种子小而不充实
磷	植株生长缓慢、矮小、瘦弱、直立。叶小易脱落,色泽一般呈暗绿或灰绿色,缺乏光泽。延迟成熟,籽粒或果实细小。症状一般从茎基部老叶开始,逐渐向上部扩展
钾	通常老叶和叶缘发黄,进而变褐,焦枯似灼烧状。叶片上出现褐色斑点或斑块,但叶中部、叶脉和靠近叶脉处仍保持绿色,随着缺钾程度的加剧,整个叶片变为红棕色或干枯状,坏死脱落。根系短而少,易早衰,严重时腐烂,易倒伏
钙	生长点首先出现症状,轻则凋萎,重则生长点坏死。幼叶变形,叶尖呈弯钩状,叶片皱缩,边缘向下或向前卷曲。新叶抽出困难,叶尖相互粘连,有时叶缘呈不规则的锯齿状,叶尖或叶缘发黄或焦枯坏死。植株矮小或簇生状,早衰,倒伏,不结实或少结实
镁	叶片通常失绿,开始于叶尖端和叶缘的脉间,色泽变淡,由淡绿变黄再变紫,随后便可向叶基部和中央扩展。但叶脉仍保持绿色,在叶片上形成清晰的网状脉纹。严重时叶片枯萎、脱落
硫	幼叶先发病,叶脉和叶肉失绿,叶色浅。植株矮小,叶细小,叶片向上卷曲,变硬、易碎,提早脱落。茎生长受阻滞,僵直,开花迟,结果和结荚少
硼	顶部幼嫩组织先发病。顶芽生长停止并逐步枯萎死亡。叶色暗绿或紫色,叶片变小、肥厚、皱缩。根系不发达。植株矮化。作物易出现蕾而不花、花而不实
铁	症状首先出现在顶部幼叶。一般开始时幼叶失绿,叶脉保持绿色,叶肉黄化或白化,但无褐色坏死斑,随后叶脉亦失绿
锰	首先在幼嫩叶片上失绿发黄,但叶脉及其附近保持绿色,脉纹较清晰。严重缺锰时叶面发生黑褐色的细小斑点,并逐渐增多扩大,散布于整个叶片。有些作物的叶片可能发皱卷曲或凋萎。植株瘦小,花的发育不良,根系细弱
锌	植株矮小,节间短。叶片扩展和伸长受到阻滞,出现小叶,叶缘常呈扭曲和皱折状。中脉附近首先出现脉间失绿,并可能发展成褐斑、组织坏死。症状一般先表现在新生组织上,如新叶失绿,呈灰绿或黄白色。生长发育推迟,果实小,根系生长差
铜	植株生长瘦弱。新生叶失绿发黄,呈凋萎干枯状,叶尖发白卷曲,叶缘黄灰色,叶片上出现坏死的斑点。分蘖或侧芽多,呈丛生状。繁殖器官发育受阻,种子呈瘪粒

续表

元素	症状说明
钼	脉间叶色变淡、发黄,叶片易出现斑点,边缘发生焦枯并向内卷曲,并由于组织失水而萎蔫。一般老叶先出现症状,新叶在相当长时间内仍表现正常。典型叶片有的尖端有灰色、褐色或坏死斑点,叶柄和叶脉干枯。十字花科作物叶片瘦长畸形,螺旋状扭曲,老叶变厚,焦枯

表 3-4 植物必需矿质元素中毒症

元素	症状说明
氮	叶色浓绿,叶片大,叶柄长,茎高,节间疏,生育延迟,易患病,易倒伏
磷	一般不出现过剩。大量施磷会使茎叶转紫色,早衰。磷素过多而引起的症状,通常以缺锌、缺铁、缺镁等失绿症表现出来
钾	植株可吸收过量的钾,但一般不出现过剩症
钙	植株不会出现钙过剩症
镁	植株一般不出现镁过剩症,但镁过多时会阻碍其生长
硫	植株一般不会出现硫过剩症,但在通气不良的水田中会出现根系中毒发黑
硼	叶片黄化,严重时变褐枯焦
铁	下部叶片脉间出现小褐斑点,斑点从尖端向基部蔓延,叶色暗绿。毒害严重时,叶色呈紫褐色或褐黄色,根发黑或腐烂
锰	锰毒害时上部叶尖端变成褐色并向内卷,次生根增加,高节位分蘖多发
锌	新叶黄化,叶和叶柄产生褐色斑点
铜	铜矿产区可发生作物铜过剩症,根系发育明显受阻,短而细,地上部分的上部叶片失绿
钼	很少发生钼过剩症

植物中的各种元素并不是孤立起作用的,而是相互间存在复杂的交互作用,主要体现为拮抗和协同作用。拮抗作用是指一种营养元素能对另外一种或几种营养元素产生有效性抑制,如钾对钙和镁有拮抗作用,对其他元素有效性抑制强烈的养分不宜过量施用。当然,可以利用拮抗作用消除土壤有害因子,如我国南方酸性土壤中施用磷肥可以减轻铝害。协同作用则是指一种营养元素对另外一种营养元素起有效促进作用,可以通过多施某种养分,提高相应营养元素的有效性。施肥过程中要注意平衡施肥,不仅施某种最小养分,也要同时施用氮、磷和钾肥,并注意必需的微量元素的施用。依据植物对各种养分的需求比例和数量,充分考虑土壤的养分供应后,按照一定的比例和数量供应植物所需的养

分,达到平衡不仅可以增产,而且节约肥料用量。

施肥同时要考虑土壤营养元素的容量。在一定限度内,养分施用越多,植物产量越高,但超过一定限度,植物产量会不增反减。土壤具有一定的养分容量,因为其具有团粒的胶体结构,可以将绝大多数养分保存起来,并与土壤溶液中养分保持动态平衡。植物从溶液中吸走营养,固相中保存的养分会自动释放到溶液中。但若施肥超出一定范围,土壤没有能力吸附保存过多的养分,导致溶液中盐分浓度过高,就会影响植物的生长发育。吸附能力强,相应的保肥能力强;反之,吸附能力弱,保肥能力差。土壤的酸碱性也对养分有效性有很大的影响,在酸性土壤中,可溶性磷易与铁、铝化合物形成磷酸铁、磷酸铝降低其有效性。在酸性土壤中增施石灰,中和土壤酸度,可提高养分有效性。酸性土壤宜施氨水、碳铵和钙镁磷等碱性肥料。碱性土壤,尤其是石灰性土壤中,铁、锰、锌、钼和硼的有效性大大降低,宜施用过磷酸钙、硫酸铵和氯化铵等酸性肥料。

3.肥料特性

凡施入土壤或喷洒于植物叶片上,能直接或间接地提供植物养分,从而获得高产优质的植物产品,或能改善土壤物理、化学、生物性状,提高土壤肥力,但又不对环境造成危害的物质称为肥料。肥料根据性质分为化学肥料(化肥)、有机肥料(有机肥)和微生物肥料(菌肥)。

化肥是人工化学合成或矿质元素加工制成的肥料。优点是养分含量高、肥效快、增产效果显著;缺点是养分比较单一,纵向平衡供应能力差,易挥发,易受淋溶而损失,通常需要几种肥料配合施用。按化肥的成分,可分为氮肥、磷肥、钾肥、复合肥和微肥。按肥效快慢,可分为速效肥和迟效肥。

有机肥是以自然有机物为主的肥料,多为人和动物的排泄物以及动、植物残体,如人畜粪尿、厩肥、堆肥、绿肥和泥炭等。有机肥是一种完全肥料,含有丰富的有机质和植物所需的多种营养元素。有机肥既有营养作用,又是非常优秀的土壤改良剂、地力培肥剂,对于改善土壤结构、提高

土壤养分容量、增强土壤保肥保水能力、调节土壤酸碱度、促进土壤微生物活动和提高土壤养分有效性都具有良好作用。缺点是养分浓度低,供肥缓慢。

菌肥是以活的微生物为有效成分的肥料,包括根瘤菌、固氮菌和一些解磷假单胞菌等。菌肥本身不是营养成分,而是通过固定空气中的氮,或者将土壤中不溶性的磷和钾等变成可吸收的营养成分来供肥的。

4.施肥的方法

施肥的位置:植物根系在土壤中的分布空间范围影响施肥效应。施肥应该在根系分布的范围内,最好是在密集分布区,这样有利于养分吸收,反之则不利于吸收。但是,如果施用的是浓度和盐分较高的化肥,施肥位置离种子或植株过近,会发生烧种或烧苗现象。化肥施入土壤会产生挥发、流失等损失的风险,相对集中深施可以减少损失。尿素有较强的烧苗风险,一般种下3厘米、种上5厘米为半致死位置,较好的位置是种侧5.5厘米、地表下5.5厘米。植物生长发育期间追肥,一般认为较好位置是植株侧10~20厘米、地表下6厘米。

施肥的时期:植物营养有阶段性、临界期和最大效率期。植物生长发育的不同阶段对营养元素的种类、数量和比例要求不一。植物苗期吸收养分数量和强度较低,之后随着植物生长发育速度加快,营养物质吸收量逐渐增加,到成熟阶段又趋于减少。植物营养的临界期是指对某种养分要求的绝对量虽不是很多或很少,但对这种养分的缺少或过量反应敏感,如果供应数量不当,生长发育会受到较大影响,即使后期补充或采取其他措施,也难以补救。磷的营养临界期为幼苗期,因此磷肥宜作为底肥或种肥施用。氮和钾的营养临界期为生长中前期,因此应采用基肥和追肥相结合的方式施用氮肥和钾肥。植物生长发育过程中肥料营养效果最好的时期,称为最大效率期。该时期植物生长发育旺盛,根系吸收养分能力特别强,此时若能及时施肥,增产效率显著,经济效益最大。

最好的施肥方式是根据种植饲草的种类、不同草种的需肥情况,通过测土配方施肥。根据地力分区配方施肥。根据田间试验获取肥料用量信息,参考其他试验的结果,进行田间测试,提出最佳施肥种类和用量。

三 草地灌溉和水分管理

1.灌溉的必要性

植物为满足正常生命活动需要从环境中吸收的水分称为生理需水。植物鲜体含水量为65%~95%,但其生长发育过程中需要的水分远远大于含水量,高出数十倍甚至几百倍。植物吸收水分,又不断地释放水分归还环境。释放水分的方式,一种是以液体方式,如吐水和伤流;另一种是以气体方式,称为蒸腾作用。蒸腾作用是植物释放水分的主要方式。蒸腾系数受到植物的种类和品种影响,其中 C_4 植物显著小于 C_3 植物,同时受到气候、土壤和栽培管理影响,饲草蒸腾系数一般为200~800。此外,生态耗水,包括蒸发、径流和渗漏等消耗水分,导致缺水;由于降水时空分布不均匀,即使是降水充足的地方也常出现干旱情况。不同土壤持水能力不一样,黏土持水性显著高于砂土,超出土壤持水能力的水分很快便渗漏或通过地表径流损失掉,这些原因都可以导致部分时期缺水。

植物在生殖器官形成与发育阶段对缺水最敏感,此阶段称为水分临界期。禾谷类植物有两个水分临界期,分别是拔节初期至抽穗期、灌浆期至乳熟末期。对于种子生产,应特别注意水分临界期时水分的供应。水分最大效率期时植物对水分需求量最大,一般包括植物的分蘖、分枝期至孕穗期和孕蕾期。根据种植目的,饲草地、绿肥草地追求高产,应尽量适时、适量灌溉,以满足其水分要求,从而获得较高产量。而果园草地、水土保持草地,则可以在满足生物链要求前提下,少灌溉,以节水省工。

2.灌溉量和灌溉期

灌溉量的计算公式为:

单次灌溉量=土壤活动层深度×(田间持水量−实际含水量)

灌溉量若少于计算值,灌溉深度不够,不利于深度根系的生长发育;

灌溉量若超过计算值,水分会通过渗漏或地表径流损失。

从植物生长来看,只要植物缺水就应该进行灌溉,尤其是水分最大效率期和种子生产的临界期更需要提供充足的水分。是否需要灌溉可以通过观察植株形态进行判断,当缺水时,叶片萎蔫,弹性减弱,颜色变暗,光泽减退;也可以通过观察气孔开闭进行判断,当缺水时,气孔逐渐缩小直至关闭,植物组织液浓度升高,细胞渗透压降低。也可以通过观察土壤进行判断,干旱土壤颜色浅白,根层土壤颜色变浅表明缺水。精确的判断可以通过测定土壤含水量。通常情况下,早春返青、入冬前、每次刈割后都应该灌溉,以利于饲草返青、越冬和再生。盐碱地应灌溉洗盐,但收获前、大雨前不宜灌溉。

灌溉的方式目前有空中喷灌、地下滴灌和地表灌溉。喷灌是利用专门设备将灌溉水喷射到空中,并雾化为细小水滴,再由空中落到植物和土壤表面,渗入土壤。有移动式喷灌和固定式喷灌系统,优点是灌水均匀、节水、节地、省工和省力,但投资较大。地下滴灌通常是管道埋深 0.4~0.8 米,间距 0.7~1.0 米,灌溉水通过管道孔穴或缝隙渗入土壤,借助毛细管作用湿润整个根层。这种方式节水、节地、省工、省力、保土和保肥,但投资大。地表灌溉是灌溉水从地面灌入土壤,相对比较灵活,投资较小。

（四）杂草防除

杂草一般是指在人们不希望其生长的地方和时期生长的草本植物,人工草地中的杂草定义为人们有意识种植或管护利用的草种以外的草本植物。杂草导致饲草产量降低、饲草品质降低,并传播病虫害。杂草防除原则是防重于除,防除结合,综合防除,以预防为主。杂草防除要做到安全、有效、经济和简易,对目标草种、人畜及其他生物安全无害,防除效果好,防除费用不能高于防除挽回的经济损失,并且简单易行。

杂草防除的措施主要包括:精选草种,清除杂草繁殖体;处理土壤和腐熟有机肥,杀死其中杂草繁殖体;严控田边、路边和沟渠边杂草;深耕或免耕,减少杂草出苗机会;选择合适的播种时期,避免杂草危害高峰期;应用薄膜覆盖以及合理轮作等手段抑制伴生杂草;选择合适的除草剂封闭杂草出苗。除草措施包括手工除草和机械除草,此外还可以利用动物、植物和微生物等生物因子进行除草。例如,利用鹅、鸭放养可有效控制植株较为高大的中耕饲料作物田间的杂草;利用天敌昆虫控制杂草,如控制豚草、水葫芦、黄花蒿和香附子等;还可以利用微生物控制杂草,如用真菌控制寄生性菟丝子等。

化学除草剂由于简单高效,节省人力,当前被广泛使用。化学除草剂种类繁多,化学成分各不相同。

按在植物上是否移动,可以分为内吸传导性除草剂和触杀性除草剂。内吸传导性除草剂在植株体内移动性强,如2,4-D丁酯、禾草灵、百草敌、阔叶散、扑草净、莠去津和草甘膦等。触杀性除草剂在植物体内移动差,只能局部起作用,如敌稗乳油、百草枯、灭草松、溴苯腈、除草醚和五氯酚钠等。

按对植物的作用,可分为选择性除草剂和灭生性除草剂。选择性除草剂,即对一些植物具有除杀作用,对另一些没有毒害,如2,4-D丁酯、禾草灵、百草敌、阔叶散、扑草净、莠去津、地乐胺、灭草松和阔草清等。灭杀性除草剂对各种植物一概除杀,如草甘膦、百草枯和五氯酚钠等。

按作用的时间段,可分为芽前除草剂、芽后除草剂和芽前芽后兼用型除草剂。芽前除草剂易于被种子、种根、胚轴和胚芽吸收,在种子萌动发芽、顶土出苗阶段除杀效果强,出苗后效果减弱甚至无效,适宜芽前土壤处理,如地乐胺、乙草胺和草萘胺等。芽后除草剂通常是对芽后茎叶或土壤处理,如禾草灵、百草敌、阔叶散、草甘膦、百草枯等。

针对不同的饲草,选择合适的除草剂,田边路边可用灭生性除草剂,田间应该用选择性除草剂。茎叶型除草剂不宜在雨前施用。土壤处理剂需要保证施用时土壤有一定的湿度,以促进杂草根、芽的吸收。

五 病虫害防治

1.病害防治

植物病害主要由病原微生物引起,具有传染性,通常先出现一个发病中心,后向周围蔓延。依据病原微生物的种类,病害可以分为细菌性病害、真菌性病害、病毒性病害和线虫性病害四类。①细菌性病害,主要症状表现为腐烂、萎蔫、变色、根枝肿瘤等;②真菌性病害,是在植物表面形成霉层、黑粉、坏死斑、枯萎腐烂和菌核等症状;③病毒性病害,主要表现为茎叶变色、皱缩,植株矮小、畸形等;④线虫性病害,主要表现为植株矮小,叶和根有虫瘿等。

病害的防治整体原则是预防为主,综合防治,努力采取措施把病害消灭在发生之前或初发阶段。要求防治措施安全、有效、经济和简易可行。预防应该从源头做起,选择抗病草种、健康无病播种材料,进行有效的预处理,消灭携带的病原微生物,腐熟有机肥,处理土壤中残存的病原体;采取合理的轮作或间、混合套作,抑制专性寄生病原物,及时铲除病株,防止蔓延;对发病草地提早刈割,抑制病害加重。必要情况下,选择合适的药剂进行喷施,达到抑制和杀死病原微生物的目的。杀菌剂具有内吸传导性,可以杀死或抑制已侵入植物体内的病原物,或改变病原物的致病过程,从而消除或减轻病害造成的破坏作用。依据植物和病原物对药剂的反应,选择合适的药剂并确定用药时间和次数。

2.虫害防治

害虫是指那些啃食草的器官或吸食草的汁液,危害饲草生长发育,甚至致其死亡的昆虫类生物。当害虫达到一定虫口密度,造成饲草产量和品质下降时,则称之为虫害。依据危害的部位,可将害虫分为地下害虫和地上害虫两大类。①地下害虫:取食草的地下器官,如蛴螬、金针虫和地老虎。②地上害虫:取食草的地上器官,有咀嚼式的,将茎叶咬出孔洞或缺刻甚至咬断,如草坪螟、蝗虫;也有刺吸式的,吸食草的汁液,导致植株营养不良,甚至枯萎,如叶蝉、蚜虫和蓟马等。

对虫害防治原则同样是预防为主,综合防治,遵从安全、有效、经济和简单的原则。通过选择抗虫草种、无虫繁殖体和杀死携带虫体的播种材料,翻耕、轮作、间套作等,腐熟有机肥、深翻土地,提前刈割抑制虫害,引入害虫天敌,控制虫口密度,必要时通过人工扑杀、物理诱杀结合适宜的化学杀虫剂杀死害虫。对于化学杀虫剂,尽量使用选择性杀虫剂以保护害虫天敌,并选择合适时期进行喷雾。

常见豆科饲草的栽培管理技术

豆科植物是种子植物中的第三大科，全世界约有 750 属 19 700 种，可划分为 4 个亚科。①蝶形花亚科，约有 482 属 12 000 种，遍布热带和温带地区，个别种类能在寒冷地带生长。热带是豆科植物主要起源地，多为乔木和木质藤本，株型高大；温带多为草本和灌木，株型低矮，重要的豆科饲草、豆类蔬菜和豆类粮食作物均属于此亚科。②含羞草亚科，约有 56 属 2 800 种，是南半球常见植物，除金合欢属分布在温带外，其他都分布在热带和亚热带，95%以上的种类是木本植物。③云实亚科，约有 152 属 2 800 种，除皂荚、紫荆和长豆角 3 个属分布在温带外，其他都生长在热带和亚热带地区，尤以南美洲最多。④斯瓦特兹亚科，是新划分出来的一个亚科，有 9~10 个属，100~150 种，都是原产于南美洲和非洲热带的木本种类。

我国约有豆科植物 185 属 1 380 种，其中豆科饲草有 50 余种，是栽培饲草中重要的一类。豆科饲草应用历史可追溯到 6 000 多年以前，由于其所具有的重要特性，早在远古时期就已用于农业生产。其中起源于我国的黄花苜蓿、扁蓿豆、羊柴、蒙古岩黄芪、柠条锦鸡儿、中间锦鸡儿、胡枝子等均已成为我国北方重要的栽培饲草，而紫云英、金花菜、广布野豌豆、绢毛胡枝子等在我国南方作为饲草或绿肥被广泛种植。具有世界意义的几种豆科饲草，如苜蓿、三叶草、草木樨、百脉根、胡枝子、山蝶豆等的栽培面积逐年扩大，产草量也有较大幅度的提高。特别是在放牧混播草地中，多以豆科与禾本科饲草混播为主，而豆科饲草中则以白三叶的利用率最高，其次为红三叶、苜蓿等。

第一节　紫花苜蓿的栽培管理技术

一　苜蓿的起源、分布及用途

1.苜蓿的起源和分布

苜蓿原产于小亚细亚、伊朗、外高加索和土库曼一带,中心产地为伊朗,分布范围极广,美、欧、亚及大洋洲均有分布,栽培历史悠久。据不完全统计,目前全世界栽培面积约 4.95 亿亩,其中美国栽培面积最大,约 1.5 亿亩。我国苜蓿栽培历史已有 2 000 多年,是由汉使张骞在公元前 126 年出使西域时带回的,先在长安种植,后广布于民间。目前,我国栽培面积约 2 000 万亩,居世界第 6 位。长期的栽培、驯化和自然选样,形成了一大批有特色的地方品种和培育品种。苜蓿的种植和分布主要与土壤、气候条件有关。在我国,苜蓿主要分布在华北和西北地区,西起新疆,东到江苏北部,东北地区也有少量种植,种植区域主要包括甘肃、陕西、新疆、内蒙古、宁夏、山西、河北、河南、山东、吉林、辽宁、黑龙江、青海和江苏等省(自治区),其中黄河流域和西北地区是我国最适合苜蓿种植和生产的区域。云南、贵州个别海拔 1 000~1 800 米的中高山上也有种植。长江流域及以南广大地区缺少苜蓿是由于这里的温热多雨环境和酸性土壤条件不适宜苜蓿生长,但近年来,随着耐热和耐酸铝的苜蓿品种培育成功,长江和淮河流域也开始大面积地种植苜蓿,如安徽省五河县。北纬 45 度以北地区,由于气温低,春季温度波动性大,不利于越冬度春,苜蓿同样种植较少。

2.苜蓿的用途

苜蓿的利用价值主要体现在经济价值和生态价值两个方面。作为饲草,无论是放牧、青饲、调制干草,还是进行青贮,都被各类家畜所喜食,

营养价值很高。紫花苜蓿被称为"草王"或"草后",是世界上饲用价值最高的饲草。紫花苜蓿的蛋白质含量高,现蕾至开花期收获可占干物质的17%~23%,较晚收获也能有12%~15%,单位面积的蛋白质收获量远超各类谷物和油料作物。在其所含的蛋白质中,纯蛋白和非蛋白氮的比例约为7:3,其纯蛋白中的氨基酸组成与鸡蛋极为相似,只有蛋氨酸稍少,因此其蛋白质消化率高达80%。苜蓿中还含有丰富的矿物质以及至少10种不同的维生素,是维生素A的重要来源,而维生素A是家畜日粮中不可缺少的成分,食料中常最易缺乏。苜蓿中富含维持家畜健康所必需的维生素E,干草中含维生素D、维生素K、维生素B、烟酸等。苜蓿除了喂牛、羊外,也是马的上好饲料。几乎所有人工喂养的家畜、家禽、草食经济动物、鱼类等,甚至包括动物园内的各类草食动物和鸵鸟等,都可用苜蓿作为主食或添加饲料。

苜蓿具有强大的水土保持作用。苜蓿枝叶茂盛,根系发达,适宜生长在土层深厚、通透性良好的土壤上,这些土壤往往易遭水蚀和风蚀。在种有苜蓿的草地,苜蓿的枝叶能缓解雨水对地表的冲击,拦截径流,防止冲刷,加速水分下渗。根系可以固定土壤,帮助降水向土层深处渗透。在成熟的苜蓿地,每亩根的生物量为6 000~6 700千克,可增加土壤有机质,改善土壤结构,增强吸水保水能力,提高抗侵蚀水平。坡地上的苜蓿地径流量减少,很少产生大量土壤侵蚀。苜蓿根茬可增加地表粗糙度,降低冬春季节下垫面风速,滞留积雪,枯枝败叶也对土表起保护作用,使风蚀的程度大大降低。

苜蓿的固氮能力和巨大的地下生物量具有肥田改土作用,是许多非豆类作物的良好前作作物,也可以直接做绿肥,是许多地方草田轮作或饲料轮作的首选作物。苜蓿做饲料后,家畜粪便的生产量几乎与苜蓿地上产量相当,是农田土壤有机质的重要来源,对肥田改土、保持地力有重要意义。苜蓿可以改土养地,能"一劳永逸,生生不穷",对盐碱地的改良亦有良好效果。

苜蓿也是人们喜欢的蔬菜食品。苜蓿芽菜不仅味道鲜美、口感独特、食用方便，而且营养丰富、全面，含有大量的纤维、矿物质元素和维生素，老少皆宜，深受大众喜爱。苜蓿芽菜的生产工艺简单、独特，易于保鲜。苜蓿作为保健食品的功能也已得到开发，对高血压、高血脂、免疫力低等老年性疾病有一定的调节作用，市场前景好。

　　苜蓿是叶蛋白的原料。叶蛋白是指将青绿饲草或其他豆科植物压榨后，从压榨液中提取的蛋白质浓缩物。可用于提取叶蛋白的植物种类有很多。在苜蓿叶蛋白中，蛋白质含量为45%~60%，高于大豆饼和鱼粉；粗脂肪含量为6%~12%，也比大豆饼和鱼粉的粗脂肪含量高得多。苜蓿叶的精氨酸含量接近于动物蛋白，叶黄素、叶绿素、胡萝卜素、维生素E、维生素B及矿物质等含量丰富，总能为20.4~23.9千焦/克。苜蓿叶蛋白的消化率为62%~72%，能量代谢率为69%~90%。一般鲜苜蓿可提取叶蛋白产品30克/千克。苜蓿叶蛋白的用途很广，主要用作饲料添加剂、食品添加剂、医药原料、工业原料等。苜蓿叶蛋白营养丰富，氨基酸含量平衡，消化率高，做饲料添加剂能明显提高畜禽体重，改善畜、禽、鱼、奶、蛋的品质和产品风味。每100克苜蓿可以提供6 950千焦热量、60克蛋白质、800毫克钙、50毫克铁、1.4微克β-胡萝卜素，等等。叶蛋白的营养品质与牛乳一样，比牛肉、猪瘦肉好，与世界卫生组织推荐的蛋白质标准鸡蛋相当。苜蓿叶蛋白中的β-胡萝卜素、叶黄素、植物蛋白等可用于医药生产，也可用于预防和治疗某些疾病。随着研究的深入，苜蓿叶蛋白的用途也越来越广，如生产天然色素、维生素、植物生长激素、化妆品等。生产叶蛋白的副产品如棕色液、苜蓿纤维等也有很高价值，可以用作饲料、肥料以及用于生产酒精、苜蓿多糖等。

　　苜蓿作为蜜源植物，在生产饲料的同时，还可用于养蜂采蜜。生长盛期的苜蓿草地，每群蜂一年可产花蜜20~25千克。在生产花蜜的同时，蜂王浆、花粉、蜂蜡等都是价值很高的产品。在美国，苜蓿是主要的蜜源植物，其花蜜产量占全美蜂蜜总产量的1/3。许多花蜜是苜蓿种子生产的副

产品。用苜蓿种子田养蜂可以说有百利而无一害。由蜜蜂协助传粉,苜蓿种子产量可以提高5%~10%,且不会增加任何附加成本。因此,建议凡是以生产种子为目的的苜蓿草地,都可配合养蜂,这不仅能增加种子产量,蜂产品的年收益也非常可观。

二 苜蓿的生物学和植物学特性

苜蓿(图4-1)为多年生宿根草本植物。主根长2~5米。根茎发达;有蔓茎或无,茎高30~100厘米,直立或匍匐,光滑,多分枝,有15~25枝不等。互生,托叶部分与叶柄合生,三出复叶,小叶片倒卵状长圆形,长2~2.5厘米,仅上部尖端有锯齿;小叶顶端有中肋突出;叶柄长而平滑;托叶大。花梗由

图4-1　紫花苜蓿

叶腋抽出,花有短柄;8~25朵形成簇状的总状花序,萼钟状,有5齿;花冠紫色。荚果螺旋形,2~3绕不等,稍有毛,黑褐色,不开裂,种子1~8粒;种子小,肾形,黄褐色,千粒重2.3~3.3克。

苜蓿适应性较强,喜温暖湿润气候,最佳土壤pH为6.5~7.0。当土壤pH小于6或大于8.5时,其生长受到抑制。苜蓿抗旱性强,但苜蓿每积累1千克干物质,要消耗700~900千克水分,每亩生产400千克苜蓿干草,要消耗280~360吨水。苜蓿抗寒性好,最适宜在土层深厚、疏松、富含钙质的土壤生长;耐涝性较差,忌积水;耐盐性较强。

三 苜蓿栽培技术

1.选地

选择合适的种植区域和地块。确定种植区域是保证该区域的气候、土壤等条件适合苜蓿生长,避免盲目种植。在我国,目前有苜蓿分布或历

史上曾种过苜蓿的地方大都可以成功栽培苜蓿,主要集中在长江以北、黄河流域。在长江以南和北纬45度以北地区,如果采取适宜的种植和管理技术,选择合适的品种,也能种植成功。但需经过严格适应性试验后,方可进行规模种植。选择合适地块是苜蓿栽培成功的关键,既要考虑苜蓿的生长环境需求,又要考虑管理因素和生产因素。苜蓿生长的最佳种植环境是土层深厚、排水良好、地下水位较低的地块。一般面积较大的平原、缓坡地、山麓、河流二级以上阶地、山前冲积扇、梯田、沙地内的丘间低地多为种植苜蓿的理想地块。一般在降水量为400毫米以上的区域,可以进行旱作或少量灌溉;在降水量较低的地区,种植地块要有较方便的灌溉条件,否则虽可生长,但产量较低。如果采用机械化种植管理或收割,苜蓿地块一定要平整、宽阔,适于机械操作。考虑到种植目的,若为大量收获青草或干草,应选择平整、连续的地块种植;若以放牧、水保、采蜂蜜等为目的,种植地块可较为分散、狭小,因地制宜。苜蓿可耐一定程度的盐碱,在土壤含盐量为0.1%~0.3%时能正常生长。耐盐品种允许土壤含盐量达0.4%。苜蓿耐酸性差,适于苜蓿生长的pH范围为6.0~8.5,过低或过高时,须经土壤处理后方可种植。

2.整地

整地就是通过一系列耕作措施处理土壤,为苜蓿播种准备最好的苗床,为后期的良好生长创造条件,为管理和生产打下基础,提供保证。由于苜蓿种子小,幼苗生长力弱,土壤必须精耕细作,才能保证苗全苗壮。许多人把种苜蓿看成是一件很简单的事,整地很粗放,按种植粮食作物的标准甚至更低的标准整地,因此造成苜蓿种植质量不高,甚至失败,既浪费了人力、财力、物力,又浪费了土地、时间,有时还造成水土流失。要树立"整地不精,苜蓿不成"的观念。整地一般包括翻耕、耙地、耱地、镇压、施底肥、除杂草等过程。各地情况千差万别,整地方法和步骤也非千篇一律,应以成本最低、效果最佳为原则。一般比较黏重的土地和生荒地应深翻,翻深25~30厘米为宜,沙性土或熟地可浅翻,15~20厘米即可。

3.选种和种子处理

选择适宜品种是苜蓿种植成功的关键。苜蓿适应性广,因在长期的栽培利用过程中,经自然选育或人工培育,出现了适宜不同环境条件的许多品种,具有不同的生物生态学和生产特性。适应性是苜蓿品种选择时首先要考虑的因素。在我国的苜蓿种植区,各种气候因素、土壤条件、生产条件差别很大,应选择适应当地条件的品种,确保种植成功。如抗寒品种、抗旱品种、耐盐品种、抗病虫品种、耐牧品种、耐热品种等。选择苜蓿品种应遵循"气候相似性"原则,尽量从气候相似的地区引种。越冬能力强弱是不同地区选择不同苜蓿品种的重要参考指标。根据对不同品种苜蓿在深秋是否继续生长及继续生长的程度的观测,以再生株高为标准,把苜蓿划分为 9 个秋眠级类群。其中,1 级品种秋季地上部分不生长或极少生长,越冬性最强;9 级品种在秋季可正常生长,越冬性最差,只能在温暖地区种植。从 1 级到 9 级反映了从极秋眠、秋眠、半秋眠、非秋眠到极不秋眠等9个层次,越冬抗寒性逐渐变差。选择苜蓿品种,首先考虑适应性,然后再选择高产、优质的品种。

4.播种

苜蓿从春到秋都可播种,最佳播种时期是春秋两季。春播可以早出苗,当年形成一定生长量,有利于越冬,减轻苗期杂草危害,为今后的高产打下良好基础。我国多数地区秋季降雨比较稳定,气温适中,最适合播种苜蓿,播前还有机会对杂草进行处理。需注意的是,在秋播时,要使幼苗在初霜来临前有 40 天左右的生长期,以保证安全越冬。一般尽量避免盛夏播种,除非有良好的灌溉条件和管理条件。出苗的最佳密度为每平方米 135~270 株苗。因为不是所有播下的种子都能成苗,所以往往要求较高的播量。在我国,通常建议播量为 0.5~1 千克/亩。实践中,收种子田的播量较少,可取建议播量的下限,收草田可取上限或中限。在理想的硬实苗床上,苜蓿种子的最佳播种深度为 1.3 厘米。当土壤质地精细时,播深浅到 1 厘米;质地粗糙时,可深到 2 厘米。播种方法以条播为主,条播行距 30 厘米为宜,在温暖湿润地区或有灌溉条件时,行距可缩小到 20~25 厘米,在干旱地区,则可加宽到 40 厘米。种子田行距为 50~60 厘米。

5.施肥

有机肥对苜蓿非常有效,在有条件情况下,一般可按 2 000 千克/亩在整地时翻入土壤。若有机肥不足,可以施入化肥。土壤中限制苜蓿产量的常量元素主要为钾、磷、硫和硼;其他元素,包括微量元素,例如硼,缺乏时对苜蓿产量也有影响。钾是苜蓿植株中除了氮以外积累最多的元素。缺钾时一般表现为老叶叶尖和边缘发黄,进而变褐,甚至枯萎,叶片上出现褐色斑点,但叶中部靠近叶脉的部位仍保持原来的色泽。严重缺钾时,幼叶上也发生同样的症状,植株柔软,易倒伏。钾肥能增加根瘤数量、根瘤产量和固氮速率,提高苜蓿的抗性,适当施用,能维持苜蓿高产。对于利用强度大或频繁刈割的苜蓿地,有必要增施钾肥。在我国,越往南方,土壤越易缺钾。常见的钾肥有氯化钾、硫酸钾和草木灰。钾肥的一次性用量不宜过多,一般氯化钾和硫酸钾作为基肥或追肥的用量为 3.3~10 千克/亩。磷在苜蓿植株中的积累少于钾,但往往是苜蓿高产的最主要限制元素,对种子生产影响更大。土壤缺磷,苜蓿根瘤不能正常固氮,土壤中磷含量增加可以促进固氮,即"以磷增氮"。磷肥一般都作为基肥施用,一次性施用,不作为追肥。其他微量元素一般作为叶面肥或者作为包衣种肥。

（四）苜蓿田间管理技术

只有有效实施田间管理措施才能实现苜蓿稳产、高产、优质的目标。田间管理措施主要包括除杂草、施肥、灌溉、病虫害防治、合理利用、设施保护等。

1.除杂草

苜蓿幼苗和返青期生长缓慢,常形成杂草危害。防除杂草措施有:①选择适当的播种期,如前文所述,在早春、晚夏及秋季播种;②播种前用除草剂处理土壤,杀灭杂草幼苗;③当大部分杂草都出生后,进行耙除,然

后播种;④保护播种或混播;⑤中耕除草;⑥除草剂除草;⑦对杂草进行收获利用。

2.施肥

苜蓿生物量高,多次收获,对土壤养分消耗严重,只有通过适当施肥才能维持其高产。苜蓿根瘤自身能固氮,一般不必施氮肥,只是在苗期未形成固氮能力时,适当施以氮肥作为基肥或种肥。除了施基肥和种肥外,在以后的生长过程中,应根据苜蓿的缺肥状况,有针对性地施肥。施肥方式以追肥和叶面喷施肥为主。经常表现亏缺的营养元素有磷、钾、硫等,可结合中耕施肥。对于微量元素缺乏,最好采用叶面喷施肥。在pH低于5.6的酸性土壤上,每年于生长季追施一次石灰粉,对苜蓿生长是十分有利的。施用量以将pH调整到6.0以上为标准来确定。

3.灌溉

在正常生长情况下,苜蓿需水量很大,包括生理需水和生态需水两部分。生理需水是指维持苜蓿正常生长发育所必需的水分。此外,降水只有一部分供给苜蓿生长需要,其他的一部分径流掉,一部分渗入地下,而大部分通过地表蒸发掉。蒸发掉的部分就成为生态需水,即维持草地湿度环境、调节温度等所需要的水分。土壤萎蔫系数是植物的水分生命线,当土壤含水量接近萎蔫系数或稍低时,就应灌水。这时候,苜蓿的颜色将由正常时的淡绿色转为缺水时的暗绿色。在萎蔫出现之前,应进行灌溉。苜蓿忌积水,降雨后造成积水时应及时排除,以防烂根死亡。苜蓿不同品种之间的需水量差异很大,应根据具体情况进行灌溉。

4.病虫害防治

苜蓿常见病害有菌核病、霜霉病、锈病、褐斑病和白粉病等,发现病害后应及时拔除病株,或提前刈割,或用石灰硫黄合剂、福美双、甲基托布津、波尔多液、粉锈宁和多菌灵等药物进行防治。苜蓿常见的害虫有蟓虫、盲椿象、蚜虫、潜叶蝇、豆芜菁和蓟马等,一旦发现上述害虫,应及时用辛硫磷、马拉硫磷、吡虫啉等药物驱杀。

5.合理利用

苜蓿的适宜刈割时间为初花期。若刈割过早,虽饲用价值高,但产草量低;若刈割过迟,虽产草量高,但品质下降明显。秋季最后一次刈割应在早霜来临前 1 个月进行,过迟会降低根和根茎中碳水化合物的贮藏量,对越冬和第二年春季生长不利。刈割留茬高度一般为 4~5 厘米,但越冬前最后一次刈割时留茬应高些,为 7~8 厘米,这样能保持根部营养和固定积雪,有利于苜蓿越冬。北方地区春播当年,若有灌溉条件,可刈割 1~2 次,此后每年可刈割 3~5 次,长江流域每年可刈割 5~7 次。一般鲜草产量每亩 1~4 吨,水肥条件好时可在 5 吨以上。各次刈割的产量以第一茬最高,约占总产量的 50%,第二茬占总产量的 20%~25%,第三茬和第四茬占 10%~15%。苜蓿收种应在大部分荚果变成黄色或褐色时进行,一般每亩种子产量为 50 千克左右。种子田栽培技术比收草地要求高,如整地要精细,播种量要少,苗要稀,行距要宽,磷、钾肥要充足等。对苜蓿种子田进行最低限度的水分胁迫,有利于种子生产。蕾期和花期应避免灌水,荚期灌水 1 次即可。此外,苜蓿是异花授粉植物,引入蜜蜂、切叶蜂等昆虫,可提高其授粉率,增加种子产量。

▶ 第二节　草木樨的栽培管理技术

草木樨属植物在全球有 20 余种,我国现有 9 种。其中白花草木樨、黄花草木樨和细齿草木樨栽培较多,因其香豆素含量低引起重视。草木樨属植物原产欧洲温带地区,美洲、非洲、大洋洲早已引种栽培。18 世纪印度将其作为家畜饲草栽培,19 世纪欧洲将其作为鼻烟和卷烟香料利用。我国在 1922 年开始种植草木樨作为水土保持植物,20 世纪 40 年代初开始在耕地上栽培。新中国成立后,草木樨作为优良绿肥饲草和水土保持植物被推广到全国各地进行种植,种植面积最多的年份有 3 000 多

万亩。现在,草木樨已成为我国重要的饲草绿肥作物之一,在北起黑龙江省黑河、南至广西玉林的广大地区皆有分布。

一 白花草木樨

1.分布和用途

白花草木樨别名白香草木樨、金花草、白甜车轴草等。原产亚洲西部,现广泛分布于欧、亚、美、大洋洲。我国西北、东北、华北地区有悠久的栽培历史,近年来种植较多的省份是甘肃、陕西、山西、辽宁、吉林、山东等。北方地区栽培的主要是二年生白花草木樨,南方地区栽培的主要是一年生白花草木樨。白花草木樨是家畜重要的优良饲草之一,营养价值高,其干草中粗蛋白含量为 19.57%,粗脂肪含量为 5.92%,粗纤维含量为 20.93%,无氮浸出物含量为 33.03%,钙和磷含量分别达 1.80% 和 0.23%,富含各种必需氨基酸,尤以赖氨酸、精氨酸等含量高。可以放牧、青刈、调制干草或青贮后饲喂。由于其体内含有香豆素,饲草苦腥味重,适口性差,初喂草木樨时家畜可能不太习惯,应从少到多,数天后便惯于采食。最好与其他青饲料混喂,或调制成干草后利用,可提高采食量。白花草木樨茎枝较粗并稍有苦味,早霜后,苦味减轻,各种家畜均喜采食,特别是牛、羊吃后增膘快。粉碎或打浆后喂猪效果亦佳。在白花草木樨草地上放牧反刍家畜,不会引起家畜胀气病,但不宜多食,特别是霉烂后绝不能饲喂家畜,因为香豆素在畜体内转变为双香豆素,可抑制家畜肝中凝血原的合成,破坏维生素 K,延长凝血时间,从而导致家畜出血过多而死亡。喂大家畜时,用其干草掺一半的谷草混合后饲喂最好。喂猪时,切碎煮熟,放到清水里浸泡,则适口性更好;喂时若掺上糠麸、粉浆或精料等,猪会更喜食。白花草木樨产草量高,春播当年鲜草产量在 600 千克/亩以上, 第二年为 2 000~3 500 千克/亩, 西北地区高产者可达 4 300 千克/亩;种子产量也很高,在 50~100 千克/亩。

白花草木樨还是重要的绿肥作物,可发挥固氮作用,有改良低产田、提高土壤肥力的功能。种植 2 年的白花草木樨土地，含氮量增加 13%~18%，含磷量增加 20%，有机质增加 36%~40%，水稳性团粒增加，提高土壤胶团结构，改善耕作层，可使后茬作物增产 20%~30%。同时，其在含盐量 0.20%~0.30% 的盐碱土上生长良好，具有抑制返盐和脱盐作用，可改良盐碱土壤。白花草木樨还具有良好的水土保持作用，其由于根系发达、茎叶茂盛，密覆地面，不仅可以减少径流，还增强了土壤渗透性。在受水侵蚀的耕地和坡地，种植白花草木樨能有效保持水土、提高地力。白花草木樨也是优良的蜜源植物，花期长，花的数量多，蜜质优良，色白而甜，平均每平方米可产蜂蜜 10~13 克。白花草木樨还可以作为中草药，具有清热解毒、杀虫化湿、消暑热胸闷等功效，可治疗胃病、疟疾、痢疾、淋病、皮肤疮疡、口臭和头痛等。

2.植物学和生物学特性

白花草木樨（图 4-2）为二年生草本植物，根长 2 米以上，根上有很多根瘤。茎高 1~4 米，直立，无毛或少有毛，圆柱形，中空。叶为羽状三出复叶，中间的一片小叶具短柄，小叶细长，椭圆形、矩圆形、偏卵圆形等，边缘有疏锯齿，托叶很小，锥形或条状披针形。花白色，总状花序，腋生，旗瓣

图4-2　白花草木樨

较翼瓣稍长，翼瓣比龙骨瓣稍长或等长。荚果无毛，内有 1~2 粒种子，有坚硬的种皮，黄色至褐色，千粒重 2.0~2.5 克。全株与种子均具有香草气味。

白花草木樨的适应性很广，最适于在湿润和半干燥的气候条件下生长。抗旱性强，需水量低于紫花苜蓿，其蒸腾系数平均为 570~720，而紫花苜蓿为 615~844。具有较强的耐寒能力，一般在日平均地温稳定在 3.1~

6.5 摄氏度即开始萌动,第一片真叶可耐-4 摄氏度的短期低温,至-8 摄氏度时才会冻死,成株后能耐-30 摄氏度,但早春返青后的回潮寒往往也是发生冻害的主要原因。白花草木樨对土壤要求不严,在肥沃且排水良好的黏土上产量最高,也可生长在沙壤土、重黏土和灰色淋溶土上。耐瘠薄,但不适应酸性土壤,性喜富含石灰质成分的中性或微碱性土壤,要求pH 在 7~9,在含氯 0.2%~0.3%或含盐 0.56%的土壤上也能生长,耐盐碱,因此可用来改良碱性土壤。通常在路沟边水分充足的地方长得好,如果不刈割或放牧,会自行落种繁殖。

白花草木樨播后 5~7 天可以发芽,出苗时先拱出两片椭圆形的子叶,第一片真叶为心脏形单叶,从第二片真叶开始为 3 小叶组成的复叶。7 月份为旺盛生长期,第二年早春,越冬芽萌发长成株丛,5~7 月份结实。作为营养体利用可刈割,第一年仅能刈割 1 茬,第二年能刈割 3 茬。白花草木樨为自花授粉植物,授粉率为 33%~100%,平均为 86%。

3.栽培与管理技术

白花草木樨种子细小,且种皮较厚,播前应精细整地,并施足磷、钾肥,清除杂草。种子硬实率高,为 40%~60%,所以播前除晒种外,需划破种皮或冷冻低温处理,或用 10%的稀硫酸浸泡 30~60 分钟。生产中多用碾子或碾米机磨伤,使种皮出现裂痕,当种皮变成暗黄色并发毛时,水分易通过硬实的角质层渗入种子内部,利于发芽。盐碱地播种时,用 1%~2%的氯化钠溶液浸种 2 小时,可提高出苗率 17%~30%。春、夏、秋均可播种,草木樨生长年限短,早春土壤解冻时尽早播种,当年可割草。若秋季雨水多,可在 11 月初立冬前后,即地冻前播种,来年春出苗。割草田播种量为0.75~1.5 千克/亩,留种田为 0.5~1.0 千克/亩。以条播为主,割草田行距用15~30 厘米,留种田用 30~60 厘米。播深 2~3 厘米。播种后要进行镇压。白花草木樨可与农作物轮作、间作或与林木间作,也可与其他饲草混播。与农作物混播时,先播种作物,当作物长出 2~4 片叶子时再播草木樨,也可在春秋季同时播种。如在西北地区,于白露播种冬小麦后,在其行间播种草木樨。翌年收割小麦时,草木樨植株高在 9~12 厘米,不妨碍小麦生长,下一年草木樨会生长得更好。建立长期人工草地时,可与苜蓿、无芒雀麦、冰草和鹅冠草等混播。

单播白花草木樨时,当年苗期地上部生长缓慢,在苗高 10~20 厘米时及时中耕除草。分枝期、刈割后及第二年再生草刈割后要追施磷、钾肥,并及时灌溉、松土等。追施磷肥可显著增加产草量和种子产量。种子田要注意在现蕾至盛花期保证水分充足,而在后期要控制水分。打顶可刺激侧枝的生长,从而得到柔软有营养的干草,而且使其收割期提早,以便能进行半休耕地的土壤耕作。常见病害有白粉病、锈病和根腐病,防治方法是提前刈割或用粉锈宁、百菌清和甲基托布津等药物防治。常见虫害有黑绒金龟子、象鼻虫和蚜虫等,可用辛硫磷、氯氟氰菊酯等药物驱杀。

白花草木樨一般在开花前刈割,株高约 50 厘米,这样不仅利于再生,且饲草品质好,若是调制干草则在现蕾期刈割。过早刈割产草量低,且越冬死亡率高;过迟刈割则茎秆迅速木质化,香豆素含量增加,饲用价值和适口性降低。白花草木樨刈割后新枝由茎叶腋处萌发。留茬高度一般为 10~15 厘米。早春播种,当年每亩可产鲜草 1 000~2 000 千克,第二年可产 2 000~3 000 千克,高者可产 4 000~4 700 千克。采种均在生长的第 2 年进行,当有 2/3 的荚果变成深黄色或褐色,下部种子变硬时即可收种,每亩可收种 40~60 千克。

二 黄花草木樨

黄花草木樨别名香马料、黄甜车轴草、香草木樨等。原产欧洲,在土耳其、伊朗和西伯利亚等地均有分布,我国东北、华北、西南等地和长江流域的南部也有野生种分布,且栽培历史悠久。其在欧洲各国被认为是重要饲草,但在亚洲栽培较少。黄花草木樨茎叶茂盛,营养丰富,营养价值与白花草木樨相近,详见表 4–1,也是良好的绿肥和水土保持植物。作为猪的青饲料,其总能及消化能均较高,如分枝期含总能 4.39 兆焦/千克,

表 4-1　黄花草木樨营养成分含量

样品类型	干物质 (%)	粗蛋白质 (%)	粗纤维 (%)	粗脂肪 (%)	无氮浸出物 (%)	粗灰分 (%)
叶	86.8	29.1	11.3	3.7	34.1	8.6
茎	97.4	8.8	47.5	1.7	33.7	5.7
全株	92.68	17.84	31.38	2.59	33.88	6.99

(引自:石凤翎、王明玖、王建光,2003)

消化能 2.26 兆焦/千克。在东北地区栽培,干草产量为 3 000~5 000 千克/亩。

黄花草木樨(图 4-3)为二年生草本植物。主根入土稍深,长 60 厘米以上,侧根较发达,主根和根颈发育旺盛,生有较多根瘤。茎中空,高 1~2 米。三出羽状复叶,小叶椭圆形,花小,为长穗状总状花序,具有 30~40 朵小花,黄色,旗瓣和翼瓣等长,荚果

图4-3　黄花草木樨

椭圆形,稍有毛。种子黄色,千粒重 2.0~2.5 克。黄花草木樨适宜在温湿或半干旱的气候条件下生长。对土壤要求不严,在侵蚀坡地、盐碱地、沙土地及瘠薄土壤上比紫花苜蓿生长旺盛,在含氯盐 0.2%~0.3% 的土壤上能够正常生长发育。抗旱、抗寒、抗逆性优于白花草木樨,在白花草木樨不能很好生长的地方,可以种植黄花草木樨。

播后条件适宜时,5~7 天即可发芽,出苗后 15~20 天根系生长快,地上部分生长缓慢,后期逐渐加快,播种当年不开花,第二年 4 月中旬根颈部越冬芽长出枝条形成株丛,6 月底现蕾,8 月份种子成熟。黄花草木樨为异花授粉的长日照植物,延长日照可加速其开花结实。

黄花草木樨栽培技术与白花草木樨大致相同。

第三节　野豌豆的栽培管理技术

野豌豆属是被子植物门木兰纲野豌豆族,又名草藤属、蚕豆属和巢菜属。该属多为一、二年生或多年生草本,约有 200 种,分布于北半球温带至南美洲温带和东非,在北温带(全温带)间断分布,但以地中海地域为中心。中国有 43 种 5 个变种,广布于中国各省(自治区),西北、华北、西南、华东较多。目前作为饲草栽培的有箭筈豌豆和毛苕子两种。

一　箭筈豌豆

1.分布和用途

箭筈豌豆,学名救荒野豌豆,别名大巢菜、野豌豆、春箭筈豌豆等。原产于欧洲南部,我国各地均有分布,适应性强,产量高。目前国内选育和应用的品种有 100 多个。箭筈豌豆茎叶柔软,叶量多,营养丰富,适口性强,马、羊、猪、兔均喜食,鲜草中粗蛋白质含量较紫花苜蓿高,氨基酸含量丰富,粗纤维含量少。全草粗蛋白质、粗脂肪、粗纤维、无氮浸出物、钙和磷的含量依次为 16.14%、2.32%、25.17%、42.29%、2.00%和0.25%,是优质粗饲料,也能加工成面粉、粉条等,茎秆可青饲、调制干草和用作放牧。箭筈豌豆的青草和籽粒产量均较豌豆高而稳定,在甘肃,鲜草产量一般为 2 000~2 500 千克/亩,高者可达 4 000 千克/亩,籽实产量为100~250 千克/亩,高者可有 300~350 千克/亩;在河北,鲜草产量为 1 500~3 000 千克/亩,籽实产量为 75~390 千克/亩;在安徽,鲜草产量为 2 250~3 000 千克/亩,籽实产量为 125~175 千克/亩。箭筈豌豆适于作为绿肥,种植箭筈豌豆后,能通过根瘤菌固定大量氮素,并且土壤中残存大量根系,利用麦收后短期休闲地复种箭筈豌豆,初花期翻耕,在 0~20 厘米土层中速效氮含量比休闲地增加 66.2%~133.4%, 比复种前增加 66.7%~249.9%,

而且旱地比水地增加幅度大。但箭筈豌豆籽实中含有有毒的生物碱和氰苷,籽实利用前需要浸泡、淘洗和加热处理,并且不能大量连续饲喂,以防家畜中毒。

2.植物学和生物学特性

箭筈豌豆(图4-4)为一年生草本植物,主根肥大,入土不深。茎细软有条棱,多分枝,斜升或攀缘,长80~120厘米。偶数羽状复叶,具小叶8~16枚,顶端具卷须;小叶倒披针形,长圆形,长8~20毫米,宽3~7毫米,先端截形凹入并有小尖头,托叶半箭头形,一边全缘,一边有1~3个锯

图4-4　箭筈豌豆

齿,基部有明显腺点。花1~3朵生于叶腋,花梗短,花萼蝶形,紫色或红色,个别白色,花柱背面顶端有一簇黄色冉毛,子房略具短冉毛。荚果条形,稍扁,长4~6厘米,成熟荚果褐色,内含种子7~12粒,易裂。种子球形或扁圆形,千粒重50~60克。

箭筈豌豆性喜凉爽,抗寒性较强,适应性较广,对温度要求不高,收草时要求积温1 000摄氏度,收种时为1 700~2 000摄氏度。各生育期对温度要求不同。种子在1~2摄氏度时即可萌发,但发芽的最适温度为26~28摄氏度。在温度范围内,播种时地温越高,出苗时间越短,5摄氏度地温出苗需要22天,10摄氏度时为11天,15摄氏度时为7天,20摄氏度时为5天。在形成营养器官时要求最低温度为5~10摄氏度,适宜温度为14~18摄氏度。出苗后20~30天开始分枝,新茎从叶腋长出,营养阶段生长缓慢,进入开花期生长速度陡增,鼓粒期前后,有的品种继续生长,有的品种则停止生长。箭筈豌豆的生育期取决于品种和自然条件,根据其生育期的长短可分为早熟、中熟和晚熟三个类型。秋播比春播生育期长

很多,春播生育期在 100~140 天,秋播在 200 天以上。在开花前刈割时,再生草产量高,开花后刈割时再生草产量低。箭筈豌豆属长日照植物,缩短日照时数,会使植株低矮、分枝多和不开花。箭筈豌豆为自花授粉植物,在特殊情况下,亦能异花授粉。较抗旱,但对水分比较敏感,喜欢生长在潮湿地区,每遇干旱则生长不良,但仍可保持较长时间的生命力,淹水后还能抽出新枝,继续生长,但产量显著下降。在年降水量低于 150 毫米的地区种植,必须进行灌溉。对土壤要求不严,除盐碱地外,一般土壤均可种植,耐瘠薄,在生荒地上也能正常生长,但以排水良好的壤土和肥沃沙壤土为最好。在微酸性土壤上生长良好,但在强酸性土壤或盐渍土上生长不良,根的生长受到抑制,根瘤菌的活性减弱,甚至不能形成根瘤。固氮能力随生长的加速而不断提高。一般在 2~3 片真叶时形成根瘤,苗期发育的根瘤多为单瘤,营养期的固氮量为总固氮量的 95%,现蕾后根瘤活性明显下降,进入花期后,多数根瘤死亡,固氮活性消失。

3.栽培与管理技术

箭筈豌豆种子进行春化处理能提早成熟和增加种子产量,春化处理方法为每 50 千克种子加水 38 千克,15 小时内分 4 次加入,拌湿的种子放在谷壳内加温,并保持 10~15 摄氏度温度,种子萌芽后移到 0~2 摄氏度的室内 35 天即可播种。箭筈豌豆种子小,播前整地应精细,并施入厩肥,一般厩肥用量为 1 000~1 500 千克/亩,同时还应施入少量磷肥和钾肥。按 25 千克/亩施过磷酸钙,可大幅提高鲜草和种子产量。在施磷肥的基础上,苗期追施氮肥,可增加鲜草产量。箭筈豌豆春、夏、秋均可播种。北方一般只能春播,较暖的地方可以夏播,南方一年四季均可播种。采种田播种,秋季不迟于 10 月。播种越早越好,特别是温度较低的地区,早播是高产的关键。用作饲草或绿肥时,播种量为 4~5 千克/亩,收种子时则为3~4 千克/亩。复种压青,依地区不同,播种量为 8~15 千克/亩,行距为 20~30 厘米。子叶不出土,播深在 3~4 厘米,如土壤墒情差,可播深一些。箭筈豌豆单播时容易倒伏,影响产量和饲用品质。通常与燕麦、大麦、黑麦、苏

丹草(或高丹草)、谷子等混播。混播时箭筈豌豆与谷类作物的比例应为2:1或3:1,按这一比例则蛋白质收获总量最高。在大田生产中豌豆主要用作绿肥时常行单播。为充分利用地力,提高单产,一年一熟地区水肥充足时,可在麦茬地套种或复种箭筈豌豆。箭筈豌豆在苗期应进行中耕除草。在灌溉区要重视分枝盛期和结荚期的灌水,对籽实产量影响极大。南方雨季应注意排水。箭筈豌豆收获时间因利用目的而不同。如收割调制干草,应在盛花期和结荚初期刈割。如利用再生草,注意留茬高度,在盛花期刈割时留茬5~6厘米为好,结荚期刈割时留茬高度应在13厘米左右。刈割后不要立即灌水,应等到侧芽长出后再灌水,否则水分从茬口进入茎中,会使植株死亡,影响产量。如用作绿肥时,应在初花期翻压或刈割。在后作播前20~30天翻入土中,以便充分腐烂供后作吸收利用。为防止箭筈豌豆成熟后裂荚落种,应在70%豆荚变成黄褐色时及时收获。

二 毛苕子

1.分布和用途

毛苕子,学名长柔毛野豌豆,别名柔毛叶苕子、冬箭筈豌豆、冬巢菜等。原产于欧洲北部,广布于东西半球的温带,主要在北半球温带地区。在俄罗斯、法国、匈牙利栽培较广,美洲在北纬33~37度为主要栽培区,欧洲在北纬40度以北尚可栽培。毛苕子在我国栽培历史悠久,分布广,以安徽、河南、四川、陕西、甘肃等省较多,华北、东北也有种植。毛苕子是世界上栽培最早、在温带国家种植最广的饲草和绿肥。

毛苕子茎叶柔软,富含蛋白质和矿物质,适口性好,各类家畜都喜食。可青饲、放牧和刈制干草。毛苕子在北方鲜草产量1 000~1 500千克/亩,在南方可收3茬,鲜草产量为3 770~5 000千克/亩,营养成分丰富,干草中粗蛋白质、粗脂肪、粗纤维、无氮浸出物的含量分别达到21.37%、3.97%、26.02%、31.62%。毛苕子也是优良的绿肥作物,初花期鲜草含氮0.6%、磷0.1%、钾0.4%,用毛苕子压青的土壤有机质、全氮、速效磷含量都比不压青的土壤有明显增加。毛苕子茬地土壤中有机质增加0.03%~0.19%,全氮增加 0.007%~0.04%,速效磷增加 0.46~3.0 毫克/千克,同时还增加了真菌、细菌、放线菌等土壤有益微生物。如以绿肥 2 500 千克/亩计,土壤可增加氮 251.25 千克、磷 26.25 千克、钾 153.75 千克、钙 78.75 千克。毛苕子为常异花授粉植物,放养蜂可提高种子产量。同时,毛苕子还是很好的蜜源植物,花期为 30~40 天。

2.植物学和生物学特性

毛苕子(图 4-5)为一年生或越年生草本植物,全株密被长柔毛,主根长 0.5~1.2 米,侧根多,茎细,长 2~3 米,攀缘,草丛高约 40 厘米,每株 20~30 个分枝。偶数羽状复叶,小叶 7~9对,叶轴顶端有分枝的卷须,托叶戟形,小叶长圆形或披针形,长 10~30 毫米,宽 3~6 毫米,先

图4-5 毛苕子

端钝,具小尖头,基部圆形。总状花序腋生,具长毛梗,有小花 10~30 朵,排列于序轴的一侧,紫色或蓝紫色,萼钟状,有毛,下萼齿比上萼齿长。荚果矩圆状菱形,长 15~30 毫米,无毛,含种子 2~8 粒,长球形,黑色,千粒重 25~30 克。

毛苕子为春性和冬性的中间类型,偏向冬性。其生育期比箭筈豌豆长,开花期则较箭筈豌豆迟半个月左右,种子成熟期也晚。喜温暖湿润的气候,不耐高温,当日平均气温超过 30 摄氏度时植株生长缓慢。生长的最适温度为 20 摄氏度。抗寒能力强,能忍受-5~-4 摄氏度的低温,当温度降到-5 摄氏度时,茎叶基本停止生长,但根仍能生长。耐旱能力也较强,在年降雨量不少于 450 毫米地区均可栽培。但其种子发芽时需较多水分,表土含水量达 17%时,大部分种子能出苗,低于 10%则不出苗,苗期以

后抗旱能力增强,能在土壤含水量 8%的情况下生长。当雨量过多或温度不足时,生长缓慢,开花和种子成熟很不一致,且因发生严重倒伏而减产。不耐水淹,水淹 2 天会使 20%~30%的植株死亡。毛苕子性喜砂土或沙质土壤,如果排水良好,也可在黏土上生长良好,在潮湿或积水的土壤上生长不良。耐盐性和耐酸性均较强,在土壤 pH 为 6.9~8.9 时生长最佳,在pH 为 5~5.5 时也能正常生长。春播生育期 140 天左右,南方秋播生育期280~300 天。毛苕子耐阴性较强,早春套种在作物行间或在果树行间都能正常生长,结实率为 18%~25%。

3.栽培与管理技术

毛苕子可与高粱、谷子、玉米、大豆等轮作,其后茬可种水稻、棉花和小麦。北方可单播或与冬作物、中耕作物以及春谷类作物间、套、复种,于入冬前刈割作为青饲料,根茬肥田种冬麦或春麦。也可于次年春翻压作为后茬作物的底肥。种过毛苕子的地种小麦,可增产 15%左右。毛苕子根系入土较深,必须深翻土地,创造疏松的耕层。播前要施厩肥和磷肥,施用磷肥增产效果更佳。如江苏及安徽的淮北地区,施过磷酸钙比不施磷肥的鲜草增产 0.5~2 倍,每千克磷增产鲜草 20~75 千克,达到了以磷促氮的目的。毛苕子的硬实率为 15%~30%,播前进行硬实种子处理能提高发芽率。有条件的地方可进行根瘤菌接种,效果更佳。毛苕子秋播、春播均可。南方宜秋播,在淮河流域以 9 月中下旬为宜。我国三北地区多春播,4 月初至 5 月初较适宜。冬春小麦收后复种亦可。南方温暖地区,复种指数高,多选种生长期短的蓝花苕子和光苕子。北方寒冷少雨地区,宜种生育期长、抗逆性强的毛苕子。一般收草用的播种量为 3~5 千克/亩,收种用的为 2~2.5 千克/亩。旱田多条播,播深 3~4 厘米;水田多撒播,播前先浸种,待种皮膨胀后撒在地面,耙 1~2 次即可。条播时行距为 30~45 厘米,收草宜窄,收籽宜宽。

毛苕子茎长而细弱,单播时茎匍匐蔓延,互相缠绕易产生郁闭现象,以收草为目的者可与禾本科饲草如黑麦草、苏丹草、高丹草或与燕麦、大

麦等麦类作物混播。与黑麦草混播比例以(2~3):1 为佳,与麦类混播比例
为 1:(1~2),采用间、套、混种毛苕子,毛苕子用种量为 2 千克/亩。毛苕子
与苏丹草混播时,鲜草中蛋白质含量要比单播苏丹草提高 64%;毛苕子与
冬黑麦混播,产草量比毛苕子单播时增产 39%,比冬黑麦单播时增产
24%。在播前施磷肥和厩肥的基础上,生长期可追施磷肥 1~2 次;在土壤
干燥时,应于分枝期和盛花期灌水 1~2 次;春季多雨地区应进行排水,以
免茎叶变黄腐烂、落花、落荚。毛苕子青饲时,从分枝盛期至结荚前均可
分期刈割,或草层高 40~50 厘米时即可刈割。调制干草者,宜在盛花期刈
割。毛苕子的再生性差,刈割越迟再生能力越弱,若利用再生草,必须及
时刈割并留茬 10 厘米左右,齐地刈割严重影响再生力。刈割后待侧芽萌
发后再行灌溉,以防根茬水淹死亡。毛苕子为无限花序,种子成熟时间参
差不齐,当茎秆由绿变黄,中下部叶片枯萎,50%以上荚果呈褐色时即可
收种。南方冬季在毛苕子和禾谷类作物的混播地上放牧,能显著提高奶
牛的产奶量。但毛苕子单播草地放牧牛、羊时要防止胀气病的发生。通常
放牧和刈割交替利用,或在开花前先行放牧,后任其生长,以利刈割或留
种,或于开花前刈割而用再生草放牧,亦可第二次刈草。

第四节　三叶草的栽培管理技术

　　三叶草是豆科三叶草属的一年生或多年生植物,全世界约有 360 种,
主要分布于温带地区,是豆科饲草中分布最广的一类,几乎遍布全球各
地。其中,在农业上有经济价值的有 10 余种。现栽培面积最大的地区是
西欧和北美,其次为俄罗斯。我国野生的三叶草有红三叶、白三叶、草莓
三叶和野火球 4 大类,有 10 多种。三叶草营养价值高,适口性好,各类家
畜都喜食,其可消化蛋白质含量虽不如苜蓿,但总消化养分及净热量却
比苜蓿高。

不同三叶草属植物营养价值见表4-2。

表4-2 四种三叶草属饲草开花期营养成分

草种	干物质（％）	占干物质比例（％）						
		粗蛋白质	粗脂肪	粗纤维	无氮浸出物	粗灰分	钙	磷
白三叶	17.8	23.7	3.4	15.7	40.4	11.8	0.9	0.3
红三叶	27.5	14.9	4.0	29.8	44.0	7.3	1.7	0.3
绛三叶	17.4	17.2	3.5	27.0	42.5	9.8	1.4	0.3
杂三叶	22.2	17.1	2.7	26.1	43.7	10.4	1.3	0.3
野火球		11.5		2.6		44.2		

（引自：石凤翎、王明玖、王建光，2003）

一 红三叶

1.分布和用途

红三叶又称红车轴草，为多年生草本植物。原产于小亚细亚及南欧，是欧洲各国、加拿大、美洲、澳大利亚等海洋性地区最主要的饲草之一。野生种分布于我国新疆西北、东北积雪较厚的森林草甸，在西南地区高山也有分布。其被许多省（自治区）引种为草坪草，用作观赏植被，也是长江以南地区广泛栽培的重要饲草。红三叶营养丰富，不可代替氨基酸（胱氨酸、色氨酸和亮氨酸）含量超过玉米和燕麦的籽实。干草中富含多种维生素、微量元素（铜、锰、镁、钴、硼等）和一些无机物质。各种家畜均喜食，但采食过多易发生胀气病。主要用于生产干草、维生素草粉、青贮料、青饲料或放牧。红三叶现蕾至开花期根部结瘤较多，不仅能提高土壤肥力，也是良好的水土保持植物。

2.植物学和生物学特性

红三叶（图4-6）主根入土较深，侧根发达，大部分集中在30厘米土层中，根瘤多。个别细根可伸入土壤1~2米深的地方。茎秆直立或斜向上，高60~100厘米，主茎多分枝，一般有10~30个。掌状三出复叶，小叶卵形或长椭圆形，叶面有灰白色倒"V"形斑纹。叶柄长，托叶卵形，有紫脉纹,先端尖锐。总状花序聚生于茎梢或腋生于小花梗,每个花序含小花35~150朵,有尖齿5枚,其中1枚较长。荚果小,横裂,每荚含种子1粒,肾形或椭圆形,黄褐色或黄紫色,千粒重1.5~1.8克,四倍体的千粒重为3.0~3.5克。

红三叶为短期多年生饲草,平均寿命4~6年,喜凉爽

图4-6　红三叶

湿润气候,生长最适温度为15~25摄氏度,2~3摄氏度时种子即可萌发,但发芽缓慢,夏天不过于炎热、冬天不十分寒冷的地区均可生长。气温超过35摄氏度时生长受到抑制,40摄氏度以上则出现黄化或死亡,高温干旱年份难以越夏。冬季最低气温至−15摄氏度以下则难以越冬。耐湿性良好,但耐旱能力差。气温在5摄氏度时营养体恢复生长,需活动总积温900~950摄氏度及以上。在湿润凉爽、pH 6~7、排水良好、土质肥沃的黏壤土中生长最佳。红三叶为长日照异花授粉植物,光照14小时以上才能开花结实。日照强度增加,发育加快。

3.栽培与管理技术

红三叶种子小,播种前需精细整地,早期生长缓慢,结合土壤新翻,施入有机肥和磷肥作为底肥。在南方,播种以9月份秋播为好,不宜过迟,以免影响翌年产量。在北方则可春播。播种量为0.8~1.0千克/亩,条播,最适宜的播种密度为200~300株/米²,行距20~30厘米,种子田行距为30~50厘米。覆土深度,一般砂土为2~3厘米,黏土为1~2厘米。在较寒冷湿润地区,红三叶宜与猫尾草混播,在温暖稍干旱地区宜与鸭茅混播,在温暖而湿润地区与多年生黑麦草混播效果好。与禾本科饲草混播时的播种量为0.5~0.8千克/亩。另外,由于红三叶具有一定耐阴性,为防止早

期生长过程中杂草的侵袭,可采用保护播种,通常与燕麦、大麦、亚麻或冬小麦一起播种。保护作物的播种量要比正常播量减少 50%~75%,还应及早收获保护作物,刈割高度不低于 15 厘米,以利于红三叶安全越冬。红三叶播种前用根瘤菌剂拌种,一般在出苗后 3 周主根上形成根瘤,4 周后须根上形成根瘤。土壤 pH 为 6 时有利于根瘤的形成。对南方酸性土壤,播前需施用石灰调整土壤 pH,以充分发挥根瘤固氮作用,提高产量。

红三叶喜磷肥,在其干物质中磷的含量为 0.2%~0.4%。年亩产 2 000 千克的饲草,将带走 1.7~2.7 千克的磷,因此最好在播前施入充足厩肥(750~2 000 千克/亩),在生长过程中还应追施过磷酸钙 20 千克/亩、钾肥 17 千克/亩或草木灰 30 千克/亩。对于种子田,于盛花期根外追施 4%的氮、磷、钾盐溶液,可提高种子产量,也可喷洒硼酸稀溶液(115~300 毫克/升)30~40 升/亩,提高授粉率,可使种子增产 17%~70%。红三叶再生性强,当草层高 40~50 厘米或现蕾初花时即可收割。南方地区可刈割 4~5 次,产鲜草 4 000~5 000 千克/亩。种子成熟期不一致,当花序 70%~80%变成褐色时,种子呈黄褐色时即可收获。一般可收种子 17~30 千克/亩。红三叶常见的病害有根腐病、炭疽病、白粉病、黑茎病等,可用 50%甲基托布津、多菌灵进行防治。

二 白三叶

1.分布和用途

白三叶又名白花三叶草、白花车轴草等,属短期多年生草本植物,广泛分布在温带湿润地区,我国大部分省(自治区)均有分布,长江以南地区栽培面积较大。其野生种在我国新疆北部的低湿河漫滩草甸、森林草甸有成片分布。

白三叶最适于放牧利用,再生性好、耐践踏、营养价值丰富、适口性好,各种家畜均喜食,饲用价值高,同时白三叶还是公路两旁、公园、庭园绿化美化的主要草种,也是良好的水土保持植物,与多年生黑麦草及鸭茅建成的混播草地,是世界许多国家主要人工草地类型,有的利用期甚至有 40~50 年。

2.植物学和生物学特性

白三叶(图 4-7)平均寿命 8~10 年,主根短,侧根和须根发达,根系分布于 10 厘米深的表土层。匍匐蔓生,节上生根,光滑无毛。掌状三出复叶,托叶卵状披针形,膜质,基部抱茎呈鞘状;叶柄长 10~30 厘米;小叶倒卵形至近圆形,长 8~20 毫米,宽 8~16 毫米,先端凹头至钝圆,基部楔形渐窄至小叶柄,中脉在下面隆起,侧脉约 13 对,两面均隆起,近叶边分叉并伸达锯齿齿尖,小叶柄长 1.5 毫米,微被柔毛。球形总状花序,顶生,直径 15~40 毫米;具花 20~50 朵,无总苞,苞片披针形,膜质,花长 7~12 毫米;花梗比花萼稍长或等长,开花立即下垂,萼钟形,具脉纹 10 条,萼齿 5,披针形,稍不等长,短于萼筒,萼喉开张,无毛;花冠白色,偶有乳黄色或淡红色,具香气。旗瓣椭圆形,比翼瓣和龙骨瓣长近 1 倍,龙骨瓣比翼瓣稍短;子房线状长圆形,花柱比子房略长,每荚 3~4 粒,种子呈心脏形或卵形,黄色或棕褐色,千粒重 0.5~0.7 克。

图 4-7 白三叶

白三叶种子小,硬实率高,硬实种子可在土壤中保持生命力数年之久。在凉爽的气候条件下,种子出苗迅速。种子发芽时,初生根伸出种皮并迅速扎入土壤中形成较细的直根,下胚轴伸长,使子叶出土。幼苗发育成一直立的初生茎,节间很短,第一片真叶是单叶,第二片叶为三出复叶。匍匐茎形成后节间伸长,生长迅速,其顶端营养芽始终保持活性。叶互生于匍匐茎上,凉爽天气促进根的发育,将有助于植株度过缺水期。第二年返青,落籽自生,新的植株来自匍匐茎的顶芽和叶腋芽,而靠近顶芽

附近的叶腋芽活性最强。初生茎逐渐死掉,又由于生长点逐步远离初生茎,使植株的中心成为裸露区。但匍匐茎上的每个腋芽又可逐渐发育成一个新植株。2年后,白三叶主要依赖营养繁殖保持着适宜的草群密度。白三叶为自交不亲和的异花授粉植物,喜温暖湿润气候,生长适宜温度为19~24摄氏度。适应性较其他三叶草广,耐热性、耐寒性、抗酸性均强于红三叶。对土壤要求不严,可在 pH 5.5~7,甚至 4.5 的酸性土壤上生长。耐阴,可在林下生长。较耐水淹,耐贫瘠,但不耐盐碱和干旱。适宜在年降水量为 500~1 000 毫米的地区生长。

3.栽培与管理技术

白三叶种子小,硬实率高,所以播前需精细整地,同时破除种子硬实。可秋季播种,单播播种量为 0.25~0.5 千克/亩,混播时播种量为 0.1~0.3 千克/亩,条播行距为 15~30 厘米,播深为 1.0~1.5 厘米。白三叶草在生产中多与禾本科黑麦草、苇状羊茅等混播。在新建植的草地上,有效氮含量和放牧压力对混播草地各草种的比例影响较大。当氮含量高时,禾本科草占优势;而在有效氮含量较低、其他营养充足时,则白三叶占优势。因此,管理中通常向草地增施磷、钾肥或通过刈割控制禾本科草和杂草的生长,为白三叶生长创造有利条件。另外,为使白三叶在暖季落籽自生,需通过低牧、刈割或火烧,将禾本科草除去。为提高种子产量,在白三叶种子生产田周围放置蜜蜂 0.2~0.7 箱/亩,用于传粉。

▶ 第五节　其他豆科饲草的栽培管理技术

一 紫云英

1.分布和利用价值

紫云英是豆科黄耆属二年生草本植物,别名莲花草、红花草、米布袋等。原产中国,现分布于亚洲中西部,多作为稻田绿肥来种植。广泛分布于北纬 24~35 度地区,尤以长江下游各省栽培最多,近年已推广到河南南部及江苏和安徽北部,是水稻产区的主要冬季绿肥作物,也可作为饲草料青饲或调制干草,适口性好,各类家畜均喜食,而且营养价值高,可作为家畜的优质青绿饲料和蛋白质补充饲料,喂猪效果更好。以盛花期刈割最佳,盛花期时干物质占鲜草的 9.93%,粗蛋白质、粗脂肪、粗纤维、无氮浸出物占干物质的含量分别为 22.27%、4.79%、19.53% 和 33.54%。紫云英一年可刈割 2~3 次,一般鲜草产量为 1 700~2 500 千克/亩,最高可达 4 000 千克/亩。紫云英也可绿肥饲草兼用,利用上部 2/3 作为饲料喂猪,下部 1/3 及根部作为绿肥,1 亩紫云英绿肥可肥田 3 亩,连续 3 年可增加土壤有机质 16%,远超冬闲田。紫云英固氮能力强,氮素利用效率高,植株分解后,土壤氮素的含量增加明显,对后作的增产效果比毛苕子、蚕豆等绿肥作物强,在我国南方农田生态系统中对维持农田氮循环有着重要的意义。紫云英还是我国主要蜜源植物之一,花期每群蜂可采蜜 20~30 千克,最高达 50 千克。

2. 植物学和生物学特性

紫云英(图 4-8)为一年生或越年生草本植物,株高 30~100 厘米。主根肥大,侧根发达,根瘤密布,主要分布在 15 厘米以上的土层中。茎直立或匍匐,分枝 3~5 个,无毛。奇数羽状复叶,具长叶柄,小叶 7~13 枚,叶长 5~20 毫米,全缘,倒卵形或椭圆形,顶端稍有缺刻。总状花序近伞形,多为腋生,总花梗长 5~20 厘米,小花 8~10 朵,花淡红色或紫红色。荚果细长,呈条状长圆形,稍弯有喙,成熟时为黑色,内含种子 5~10 粒,种子肾形,黄绿色至红褐色,有光

图 4-8　紫云英

泽,千粒重 3.0~3.5 克。

紫云英喜温暖湿润气候,发芽最适温度为 20~30 摄氏度,生长最适温度为 15~20 摄氏度,低于-15 摄氏度时不能越冬,高于 26 摄氏度时生长不良,生长期间最适土壤含水量为 20%~25%,耐湿性中等,耐旱性差,忌积水,宜生长在排水良好的沙壤土或黏壤土上,在无石灰性的冲积土上也能生长;较耐酸但不耐碱,适宜土壤 pH 为 5.5~7.5,土壤含盐量超过 2% 就会死亡;有一定耐阴性,但开花结荚期间仍需充足光照,故在稻田套种紫云英时应注意控制共生期。在南方,紫云英秋播后 1 周即可出苗,苗后 1 个月形成 6~7 片真叶并开始分枝,开春前以分枝为主,开春后停止分枝,而茎枝开始生长,3 月上旬至 4 月上旬开花,初花期前后生长最快,终花期生长停止,5 月上旬至下旬种子成熟。紫云英栽培历史悠久,品种类型繁多,依据开花早迟及花期长短可分为特早熟花型、早熟花型、中熟花型和迟熟花型四种类型。一般来说,特早熟型品种开花早,花期长,播种至盛花期约需 170 天,整个生育期 220 天;迟熟型品种开花晚,花期短,播种至盛花期约 193 天,整个生育期 225 天。

3.栽培与管理技术

对未种过紫云英的土壤,播前进行根瘤菌接种有助于提高紫云英的固氮效率。紫云英在南方常为秋播,以 9 月上旬至 10 月中旬为宜,最晚不超过 11 月中旬。一般播种量为 2~4 千克/亩,与一年生黑麦草等禾本科饲草混播或与麦类作物间作时播种量可减至 1 千克/亩。在大田轮作中,多采用秋季套种,即在晚稻、秋玉米、棉花、秋大豆、高粱等作物生育后期把紫云英直接套播进去,也可在收获这些农作物后复种紫云英,或者与大麦、小麦、油菜、蚕豆等作物进行间作。多为撒播或条播,可直接在茬地上硬茬播种,也可耕翻土壤后软茬播种。播种同时用人粪尿拌混草木灰和磷矿粉作为种肥,有利于紫云英种子萌芽和幼苗生长,注意开沟排水。紫云英的留种田以选择排水良好、肥力中等、非连作的沙壤土为宜,播种量一般为 1.5 千克/亩。增施过磷酸钙 10 千克/亩及草木灰 17~30 千克/亩作为种肥,可显著提高紫云英种子产量。

紫云英易感病,对于菌核病可用 1%~2% 的盐水浸种灭菌,如果硬实种子较多,播前应进行碾磨、浸种或温度处理,以提高发芽率。若遇白粉病发病时,可用 1:5 硫黄石灰粉喷粉消毒。此外,发生蚜虫、甲虫、潜叶蝇等虫害,可用阿维菌素或氯氰菊酯等防治。

紫云英产草量以盛花期至始荚期为最高,但因开花后营养物质消化率降低,故作为饲料用以盛花期刈割为宜,作为绿肥用则在盛花期至始荚期翻压。紫云英花期长,种子成熟时间不一致,易落粒,应在荚果 80% 变黑时收获,产籽量在 40~50 千克/亩。

二 扁蓿豆

1.分布和用途

扁蓿豆属为豆科植物,全世界有 60 多种。我国有 6 种,主要分布于我国西北部,其中饲用价值较高、广泛应用的只有扁蓿豆 1 种。扁蓿豆又名野苜蓿、花苜蓿等。在内蒙古,扁蓿豆分布在 10 摄氏度以上且积温为 1 400~3 000 摄氏度的地区,主要在我国黄河流域及以北年降水量 250~400 毫米的地区,此外在安徽北方也有成片分布。扁蓿豆生于草原、沙质地、荒草地及固定沙丘,也常见于疏林、灌丛和向阳山坡,对水分的要求不严格。扁蓿豆为广幅旱生植物,在各种复杂多变的气候、土壤条件下,形成了较多的生态型,是野生豆科饲草种质资源中表现较突出的种质。其枝条多斜卧于地面,产草量低,只能放牧利用。我国自主选育的直立型扁蓿豆植株直立,产量高,其产量较野生原群体提高 18.8%~24.5%,特别适于北方干旱、寒冷地区栽培利用。

扁蓿豆为长寿命多年生饲草,适宜建立长期人工草地,或与禾本科饲草混播,建立永久性的人工或半人工放牧地。直立型扁蓿豆植株直立,叶量丰富,适口性好,饲用价值高(表 4-3),产鲜草 2 500~3 000 千克/亩,是各种家畜均喜食的优等饲草。扁蓿豆耐贫瘠,在植被较稀疏的风沙地

段,于雨季来临时补播,可大幅提高天然草地生产力,同时达到治理风沙、改善环境的目的。它还具有一定的耐阴性,种植在果树林下,有利于抑制杂草,增加土壤氮素,促进果树的生长。另外,它是撂荒地上最先出现的豆科饲草之一,因此可作为植被恢复的先锋草种。

表 4-3　两种生态型扁蓿豆开花期营养成分含量

生态型	占干重比例(%)						
	吸附水	粗蛋白质	粗脂肪	粗纤维	灰分	钙	磷
直立型扁蓿豆	5.96	12.55	2.19	36.62	6.40	1.76	0.089 5
匍匐型扁蓿豆	5.84	13.82	2.71	37.81	6.52	1.27	0.103 3

(引自:石凤翎、王明玖、王建光,2003)

2.植物学和生物学特性

扁蓿豆(图 4-9)为多年生豆科草本植物, 株高 40~80 厘米,茎四棱,有白色茸毛。根系发达,入土深 80~110 厘米,根瘤较多。植株直立或斜生,有的在生长早期枝条匍匐于地面,到生长后期便斜生或直立起来。栽培的直立型扁蓿豆分枝多,每株分枝数 30~50 个。羽状三出复叶,叶片较大,小叶矩圆状倒披针形或矩圆状楔形, 边缘有锯

图 4-9　扁蓿豆

齿,叶脉明显。总状花序,有小花 4~14 朵,花冠上面黄色,下面酱紫色。荚果扁平,呈矩圆形,其上网脉明显,先端具短喙,每荚含种子 2~5 粒。种子矩圆状椭圆形,黄褐色,千粒重 1.8~3.5 克。

扁蓿豆生育期 234~253 天,青绿期(生长期)183~198 天,随生长年限延长,两者均表现出不同程度的延长。在东北地区,4 月中下旬返青,初期生长缓慢,分枝至初花期生长迅速,开花期是生殖生长和营养生长并进期,以后主枝逐渐停止生长,而侧枝仍继续生长,表现出整株干物质还在

缓慢增加。扁蓿豆为异花授粉植物,套袋自交结实率为 1.44%,同一花序小花间授粉结实率为 5.74%。自然状态下结实率约为 52%。荚果为黑色或黑褐色,成熟后极易开裂。种子硬实率较高(30%以上),野生的扁蓿豆硬实率为 50%~93.4%。野生扁蓿豆种子千粒重为 2.32~3.50 克,但生长在贫瘠的土地及沙地上的细叶扁蓿豆种子则较大,千粒重约 3.72 克;而栽培驯化后的扁蓿豆种子反而变小了,如直立型扁蓿豆种子千粒重仅为 1.8 克左右。

扁蓿豆为轴根型植物,根系入土深为 60~140 厘米,其中有 80%左右的根系分布在 0~30 厘米范围内。当幼苗长出第二片真叶时,主根上开始生出白色圆形的根瘤,以后逐渐增多增大,且颜色变为淡粉色。分枝期为根瘤生长旺盛期,根瘤多分布于 20~40 厘米土层的根系上。生长第 2~3 年的扁蓿豆根瘤量较大,以后逐年减少。种植直立型扁蓿豆后,土壤速效钾含量提高 28.1%,有机质含量提高 11.4%~78%,土壤盐分浓度降低。所以,扁蓿豆是禾本科饲草及作物的良好前作。扁蓿豆抗寒性强,最低发芽温度为 5~6 摄氏度,幼苗可耐-4~-3 摄氏度低温,成株在-45 摄氏度的低温条件下能安全越冬。温度在 25~27 摄氏度时生长最快,不耐夏季酷热,超过 30 摄氏度时生长减慢,到 35 摄氏度时停止生长。喜湿、耐旱,在年降水量 300~600 毫米的地方均能良好生长。对土壤要求不严,较耐瘠薄,可在各种土壤上生长,在 pH 为 8.5~9.0 的重碱性土壤上也能生长。在夏季降雨较多的季节,个别植株易感白粉病,但与苜蓿比较,扁蓿豆抗蓟马,其他病虫害也较少。

3.栽培与管理技术

扁蓿豆对土壤要求不严格,具有广泛的适应性。但由于其种子较小,为保证田间出苗率,需在播前精细整地(与苜蓿栽培方法相近)。又由于其种子硬实率较高,还需在播前对种子进行处理。以秋播为好,但需在霜前 30~40 天播完,以防冻害。播种方式以与多年生禾本科饲草混播为佳。如在沙地上与冰草按 1:1 的比例间行混播,不仅方便管理,还可打草利

用。收草用播种量为 1 千克/亩,收籽用播种量为 0.73 千克/亩,播深 1.0~1.5 厘米,播后覆土镇压。条播饲草行距 30~40 厘米,种子田行距 50~60厘米。扁蓿豆播种当年幼苗生长缓慢,易受杂草危害,应在分枝和现蕾期各中耕除草 1 次。在以后的生长年份里,于返青前半个月烧掉残茬,同时用齿耙耙地 1 次,以提高土壤的透气性,促进其早期生长发育。未封垄前中耕锄草 1 次。在种子生产时,可在现蕾期和开花期结合灌水施一定量的磷钾复合肥,以增加种子产量。扁蓿豆以现蕾期至开花期刈割为宜,青饲或调制干草均可。每年刈割 2 次,留茬 2~4 厘米,刈割后最好配合灌水施全价肥,以利于再生越冬。生长 2 年以上的扁蓿豆草地可放牧利用,一般在株高 20~30 厘米、有 3~4 个分枝时开始放牧,以适量放牧为宜。由于其荚果成熟后易开裂,采种宜随熟随收或在大部分荚为褐色时整株刈割,运至晾晒场留株后熟一段时间后,再脱粒。一般可收种子 10~12 千克/亩。

三 百脉根

1.分布和用途

百脉根属为豆科草本植物,全世界有 200 余种,依据其生活型可分为一年生和多年生两大类群。多年生种类主要有鸟足百脉根和窄叶百脉根等,其中鸟足百脉根是主要的栽培品种。百脉根原产欧亚的温暖地带,在大洋洲、北美洲、南美洲和非洲北部均有较广泛的引种栽培。我国主要分布在华南、西南、西北、华北、长江中上游各省(自治区)和内蒙古。百脉根以其品质好、寿命长、抗逆性强、适应性广和不引起家畜胀气病等优良特性而著称,是世界上许多国家重要栽培的豆科饲草,也是我国温带湿润地区重要栽培的豆科饲草。

百脉根营养成分受收获时期影响较小,但随生育期推进,逐渐下降,以盛花期刈割为宜,盛花期粗蛋白质、粗脂肪、粗纤维和无氮浸出物的含量分别为 21.4%、5.6%、15.2%和 46.5%,干草中富含各种维生素和 16 种氨基酸,尤以天门冬氨酸、谷氨酸、脯氨酸、亮氨酸和赖氨酸含量最为丰富。

新鲜植株中的氢氰酸浓度为鲜重的 0.005%~0.017%，一般不会引起家畜(牛、羊)中毒。适口性好，各种家畜均喜食，耐热和耐牧，可以弥补夏季一般饲草生长不佳的缺陷，可放牧时间长，可增加永久草地的生产力，又由于富含抗臌胀物质(单宁)，反刍家畜采食不会引发胀气病。百脉根与禾草混播的干物质产量比单播高。百脉根盛花期叶量丰富，草质柔嫩。种子成熟后茎叶仍保持绿色，并不断产生新芽。草层枯黄后草质尚好。百脉根花色艳丽，还可用作观赏植物和蜜源植物。

2.植物学和生物学特性

百脉根(图 4-10)的根系分布较苜蓿浅，在土层较浅薄的地区也能适应。主根粗壮，侧根发达，主要分布于 0~20 厘米的土层内。株高60~90 厘米，茎丛生，无明显主茎，质软，平卧、斜生或直立生长，茎粗2.5~4 厘米，分枝数为 70~200 个。掌状三出复叶，偶有顶端小叶全裂为 2 小叶，卵形或倒卵形，长 1~2 厘

图 4-10　百脉根

米，宽 0.7~1.2 厘米；托叶大，大小与叶片相近。花序为典型伞形花序，由 4~8 朵小花组成，位于花梗顶端，小花有短柄或近无柄，淡黄或深黄色，荚果细圆而长，角状，聚于长柄的顶端散开，状如鸟足。每荚有 10~15 粒种子，种子肾形，黑色或深棕色，千粒重 1.0~1.2 克。

百脉根苗期生长缓慢。在生育期内其生长速度呈单峰曲线，生长高峰期在营养生长期。在每年刈割 2 次的情况下，第一次的产量最高。与其他几种豆科饲草相比，百脉根的水分利用率较高，形成一定干物质所需水分的量也较少。百脉根为长日照植物，长日照不仅加速其开花和种子成熟，且能促进其茎叶生长，提高总的生物量。温带地区生长的百脉根，其生育期较亚热带地区长 15~18 天。在亚热带地区百脉根返青早，种子

成熟早,生育期短。百脉根为无限花序,开花的顺序是主枝上部长出的花序先开,然后一级分枝上的花序再开,而同一个花序中的开花顺序为先中间后两侧,一个含有 4 朵花的花序,在 25~29 摄氏度的气温条件下,全部开放约需 3 天,一朵花从现蕾到开放需 7~10 天,从开放到凋萎约需 15 天。百脉根为异花授粉植物,养蜂可增加授粉机会,提高结实率,种子硬实率为 20%~90%。

百脉根适应区域广,从温带到热带均有分布,既能在平地亦能在山地生长,在气温高于 5 摄氏度、地温高于 7 摄氏度时即可萌发,生长最适温度为 21.6~31.9 摄氏度。对极端温度的耐受能力很强,在气温 36.6 摄氏度持续 19 天的情况下,百脉根仍能生长,耐热性比紫花苜蓿强。百脉根苗期能忍受 –5 摄氏度的低温,成株能耐 –17 摄氏度的寒冷,其耐寒性强于小冠花和红豆草。百脉根在年均降水量为 550~900 毫米的地区生长良好。在 0~5 厘米的土层含水量为 6.3%,5~10 厘米的土层含水量降到 11% 的情况下,百脉根未出现明显旱情。其耐旱性比红三叶强,但弱于紫花苜蓿。百脉根喜湿润,耐水淹,在低凹地水淹 4~6 周的情况下,未出现受害症状。百脉根对土壤要求不严,在酸性或弱碱性、湿润或干燥、沙性或黏性的土壤上均能生长。

3.栽培与管理技术

百脉根硬实率高,播种前可采用机械擦破种皮或用硫酸、液氮等处理。初次种植百脉根的土壤,应接种根瘤菌,否则不能有效建植。由于种子小,子叶也小,幼苗拱土能力弱,必须精细整地,出苗前后应防止土壤板结。另外,百脉根的幼苗生长缓慢,有 1 个月左右的蹲苗期,此时应防止水淹或地表温度过高灼烧致死,同时还应防止杂草危害。在高纬度地区和低纬度的高海拔地区,一般应早播,以 3 月中下旬为宜;低纬度地区,春、夏、秋季皆可播种,但以 9 月中下旬秋播最好。条播行距 30~40厘米,单播用种量为 0.5~0.7 千克/亩。收种时采用宽行条播,用种量为 0.3 千克/亩。播深,砂土以 2~3 厘米为宜,壤土和黏土以 1~2 厘米最

第四章
常见豆科饲草的栽培管理技术

佳。混播时应选择竞争性较弱的禾草,如可选草地早熟禾和猫尾草等。当然也要根据利用目的不同而选择适宜的混播组合,如用作长期放牧和干草生产时,宜与猫尾草或无芒雀麦混播;若为了早期放牧利用,可与草地羊茅或鸭茅混播。百脉根的根和茎均可用来切成短段扦插繁殖,一般将茎切成有 3~4 个节的短段,插入土壤时地上要留有 1~2 个叶腋节,从插口长出根来,从地面的叶腋长出新的枝条。

播种时施入优质有机肥能促进其根瘤形成,在 pH 为 5.6 的土壤上施磷肥 3~6 千克/亩,在 pH 为 4.5~4.9 的酸性土上撒施石灰 90 千克/亩改良土壤,可明显增加产量。在百脉根与禾草混播的草地上,将磷、钾肥结合施用效果更佳。生长期间周期性刈割可控制阔叶杂草,但对耐刈的禾草无效。适当地放牧可减轻杂草的竞争,但对适口性差的植物则需割除或挖除。百脉根由根颈萌生的新生枝,一年只有一次,即在春季产生。夏季放牧或刈割后的再生,只能由残株上保留的腋芽产生,夏季根系不贮藏碳水化合物,为利于再生,一般保持留茬高度在 8 厘米以上。在我国长江中下游地区,秋播后生长第二年的百脉根可收获 5 次,每 25 天即可刈割一次。百脉根一般每亩可产种子 45~75 千克,但因开花不齐,成熟不一致,裂荚落粒损失较多,实际每亩仅收获种子 3.5~11.5 千克,最高每亩可收37.5 千克,人力充足的地方可分批采种,最后再刈割收种。

第五章

常见禾本科饲草的
栽培管理技术

禾本科饲草是饲草的主要类群,包括野生和栽培两类,有一年生的和多年生的,耐牧,耐刈,大多为畜禽所喜食,有些还是优良的水土保持、防风固沙和庭园绿化植物。禾本科饲草约有 60 属 200 余种,其中分布最广、饲用意义较大的有多年生黑麦草、一年生黑麦草、雀麦、披碱草、老芒麦、苇状羊茅、高羊茅、碱茅、鸭茅、狼尾草、狗尾草、早熟禾、雀稗、象草、饲用甜高粱、苏丹草、高粱−苏丹草杂交种(又称高丹草)、饲用玉米、墨西哥玉米等。

本章将介绍常见禾本科饲草中高丹草、饲用甜高粱、饲用玉米、黑麦草、皇竹草、燕麦、牛鞭草、早熟禾、苇状羊茅、鸭茅、无芒雀麦和披碱草的栽培管理技术。

▶ 第一节 高丹草的栽培管理技术

高丹草为高粱−苏丹草杂交种的简称,是以高粱雄性不育系为母本、苏丹草为父本组配的杂种一代。高丹草结合了双亲的优点,具有产草量高、品质优、抗逆性强、适应性广和再生性强等特点,已成为饲喂牛、羊、鹿、鱼等草食动物的重要饲料作物。高丹草在中国、日本、美国、澳大利亚、土耳其、印度等地均有种植和推广。安徽科技学院在国内最早开展高粱与苏丹草杂种优势利用的研究,并选育出一系列杂交组合,其中"皖草2号"于 1998 年通过全国牧草品种审定委员会审定,成为我国第一个利用高粱和苏丹草杂种优势培育的饲草品种。自 2002 年以来,该品种一直作为全国农业技术推广服务中心饲草组高粱品种区域试验对照品种。2005年,安徽科技学院又选育出"皖草 3 号",该品种自 2008 年起被全国牧草品种审定委员会确立为高丹草品种区域试验对照品种。

高丹草和苏丹草草鱼饲喂对比实验的结果表明:鱼先吃高丹草,吃完后再吃苏丹草,高丹草的茎叶可以被吃光,而苏丹草的茎秆却留了下来。安徽寿县、江苏泗洪、北京房山等地均验证了这一实验结果。在安徽阜阳黄牛配种站、九里沟奶牛场进行了高丹草对奶牛适口性调查,结果表明:无论是青刈还是青贮后,喂肉牛或奶牛效果均很好。在安徽科技学院养殖科技园进行了高丹草奶牛饲喂试验,结果表明:该草青贮后草质柔软,稍有甜味,气味芳香,奶牛喜食,维持高额产奶量时间长。

一 高丹草的植物学和生物学特性

高丹草(图 5-1)属高光效、多用途、多抗性的 C_4 作物。生育期在 130天左右,刈割期株高 1.0~3.0 米,叶鞘绿色、浅紫色或紫色,幼苗叶片绿色或紫色;刈割期叶片呈绿色,叶长约 90 厘米、叶宽约 6 厘米,茎秆直径 1.0~1.7 厘米,叶片数 12~20 片,叶脉颜色因品种不同而呈现白色至灰色直至褐色;植株长相似高粱,籽粒偏小,白色或紫褐色,穗形松散,根系发达,分蘖数 0~6 个。拔节期刈割,全年可刈割 5~6 次;抽穗期刈割,全年可刈割 3~4 次。鲜草产量≥6 000 千克/亩。茎叶粗蛋白质含量(干重)≥3%。株高(1.0±0.2)米时,茎叶氰化物含量≤100 毫克/千克。

图 5-1　高丹草

高丹草的株高、叶长、单株

鲜重均超过高亲苏丹草,叶宽则相当于高亲高粱,分蘖数略低于高亲苏丹草,但大大超过双亲平均值;其株高和单株鲜重等性状,从一开始就表现出超过高亲的优势,而叶宽和分蘖数又表现为接近高亲。多年实验结果表明,高丹草刈割总鲜草产量极显著超过苏丹草,甚至较苏丹草增产达94.07%。高丹草粗蛋白质占鲜重或占干重的百分比都超过了甜高粱、玉米和苏丹草;高丹草的粗脂肪占鲜重或占干重的百分比也都超过了玉米和苏丹草,占干重的百分比接近于甜高粱;而高丹草粗纤维占鲜重或占干重的百分比几乎都比甜高粱、玉米和苏丹草低,因此奶牛更易消化吸收。高丹草适应范围十分广泛,在活动积温为2 300摄氏度以上区域均可种植,对土壤要求不严,盐碱地、湿地、旱地均可,但以沙壤土为佳;无霜期短的地区可春播,无霜期长的地区春播种植可通过多次刈割增加产量,也可夏播以充分利用气候资源。

二 高丹草的播前准备

1.品种选择

选用通过审定(鉴定或认定)的品种,具备高产、优质、生育期适宜、抗性强等特性。种子无病、无虫,符合国家标准要求,如"皖草2号""皖草3号"等。鼓励使用包衣种子。

2.地块选择与整地

前茬可为冬闲田或水稻、油菜、小麦等。水田、旱地、坡地以及塘埂均可种植,但以田面平整、耕层深厚、排灌方便及保水保肥性能好的田块产量高。低洼田需开好环田沟和十字沟,并做到沟沟相通,排水通畅。精细整地,确保田间平整,土体细碎,上虚下实,上无坷垃,下无卧垡,并且墒情良好。

三 高丹草的种子发芽的温度及播种

1.种子发芽的温度

种子发芽的最低温度为 8~10 摄氏度,最适温度为 18~20 摄氏度,最高温度为 40~45 摄氏度。

2.播种时期

在生产上可把 10 厘米深度的地温稳定在 12 摄氏度作为春季适时播种的温度指标。江淮地区播种期在 4 月 20 日以后,淮北可推迟至 5 月 1 日左右,江南在 4 月 10 日~20 日。过早播种土温低,出苗时间延长,易导致烂种烂芽,出苗率低且不整齐。

除春播之外,一直到 7 月下旬都可播种,但早播总产量高,随播期推迟,刈割次数减少,总产量下降。

3.播种方式

条播、穴播或撒播均可。播种深度为 2~3 厘米。有条件的地区,可先浇底水,待土层干爽,进入宜耕期,及时耕作,足墒下种,以确保全苗。

4.播种量及种植密度

作为青草饲料时,播种量为 1.0~1.5 千克/亩,留苗密度为 1.5 万~2.0万株/亩;作为青贮饲料时,播种量为 1.0 千克/亩,留苗密度为 0.5 万~1 万株/亩。

四 高丹草的田间管理

1.间苗定苗

间苗一般在二、三叶期进行;四、五叶期根据计划密度的要求,进行一次性定苗,用农具或手工除去多余的、拥挤的苗。

2.肥水管理

播种前,一般要求每亩施经无害化处理的有机肥 2 000~3 000 千克、

纯氮 16.0 千克、五氧化二磷 11.5 千克作为基肥；以后每次刈割后 2~3 天,追施粪水或氮肥,追施纯氮 2.3~6.9 千克/亩,并及时浇灌水,可保下茬早发、快长、产量高。防积水,遇涝应及时开沟排水。

3.病虫草害防治

以防为主,综合防治,优先采用农业防治、生物防治、物理防治,配合合理使用化学防治。

(1)农业防治:选用抗(耐)病品种,实行轮作,培育无病虫害壮苗,使用经无害化处理的有机肥。出苗后如有杂草危害,应中耕 1~2 次,清洁田园。

(2)生物防治:保护利用天敌,使用生物农药。

(3)物理防治:采用黄板诱蚜,或利用频振式杀虫灯诱杀害虫,或用防虫网隔离。

(4)化学防治:使用低毒、低残留、广谱、高效农药,注意交替使用农药。

芽期及苗期的地下害虫有蚂蚁、小地老虎、金针虫和蛴螬。若不有效预防,会导致田间缺苗断垄,甚至严重影响产量。播种前可用吡虫啉进行拌种。在蚜虫重发年份,可用 70%吡虫啉水分散粒剂 1 800~3 000 倍液或 10%氟啶虫酰胺水分散粒剂 600~900 倍液喷雾防治。夏季雨水较多时可能有紫斑病发生,可用 6%戊唑醇悬浮种衣剂 50 毫升,兑水 100 毫升,拌种 2 千克;或 50%多菌灵可湿性粉剂 10 克,兑水 100 毫升,拌种 1 千克防治。该作物对除草剂敏感,应慎用。

五 高丹草的刈割

1.刈割时期

春播,在出苗后 60 天左右可达到抽穗期刈割标准,以后每 45 天左右即可刈割 1 次。作为养鱼青饲料时,一般在株高 0.8~1.0 米时刈割为好;作为草食牲畜鲜喂饲草时,在株高 1.0 米到抽穗期均可刈割。作为青贮饲料时,宜在齐穗期刈割并连同籽粒青贮。刈割时应避开连阴雨天,否则易烂茬,影响下茬再发。

2.刈割方式

可采用机械或人工刈割,刀口以 45 度斜割为宜。

3.留茬高度

留茬高度 10~20 厘米,以利后发。

4.其他注意事项

(1)本饲草作物不耐践踏,幼苗期不宜放牧。

(2)本饲草作物系杂交一代,不宜自行留种,否则会造成严重减产。

▶ 第二节　饲用甜高粱的栽培管理技术

甜高粱属于禾本科高粱属一年生 C_4 草本植物,为粒用高粱的一个变种。甜高粱广泛分布于热带、亚热带和温带地区,我国各省(自治区)均有种植。甜高粱具有生物产量高、营养丰富、抗旱、耐涝等优点,在一般的耕地、轻盐碱地均可种植,表现出极强的适应性,而且可不占用优良耕地,极大地节省了饲料粮费用,将直接有利于种养企业(户)增收,特别是在宜农荒地上种植甜高粱,还具有绿化荒坡、防风固沙、减少水土流失、提高有限降水量利用的生产效益、增加植被、吸收二氧化碳等改善生态环境的效果。因此,甜高粱深受种养企业(户)欢迎,种植面积逐年增加。近年来,甜高粱作为青贮饲料受到国内外广泛关注,并得到农业生产部门的高度重视。

一 饲用甜高粱的植物学和生物学特性

饲用甜高粱(图 5-2)茎秆较粗壮,直立,高 3~5 米,富含糖汁。叶鞘无毛或稍有白粉;叶舌硬膜质,边缘有纤毛。叶片线形至线状披针形,长 40~

70 厘米，宽 3~8 厘米。圆锥花序，主轴裸露，长 15~45 厘米，宽 4~10 厘米，总梗直立或微弯曲；雄蕊 3 枚，花药长约 3 毫米；子房倒卵形；花柱分离，柱头帚状。颖果两面平凸，长 3.5~4 毫米，淡红色至红棕色，成熟时宽 2.5~3 毫米。有柄小穗的柄长约 2.5 毫米，小穗线形至披针形，长 3~5 毫米，花果期在 6~9 月份。

图 5-2　饲用甜高粱

甜高粱耐涝旱，耐盐碱，耐肥，适应性强，抗逆性强，茎秆鲜嫩，叶片柔软，适口性好，在 pH 为 5~8.5 的土壤中均可种植，其合成的碳水化合物为玉米的 3.2 倍。

二　饲用甜高粱的播前准备

1.品种选择

选用通过审定（鉴定或认定）的品种，如"皖甜粱 1 号"等。种子质量须符合要求，鼓励使用包衣种子。

2.整地

土壤墒情适宜时进行一次旋耕或翻耕，压碎、压实土块，做到土体细碎，上虚下实，地面平整，减少水分蒸发。秸秆还田地块需粉碎秸秆，翻耕或免耕贴茬播种。

3.施肥

结合整地，每亩基施复合肥 45 千克、尿素 10~15 千克、农家肥 3 000~5 000 千克。肥料须符合农业行业标准的规定。

三　饲用甜高粱的播种

1.播种时期

当 10 厘米深度的地温稳定在 12 摄氏度时播种。淮北地区,为 5 月上旬至 6 月中旬播种;江淮地区,为 4 月下旬至 6 月下旬播种;江南地区,为 4 月中旬至 7 月上旬播种。

2.播种量

一般每亩播种 1.5~2 千克 ,基本苗 4 500~5 000 株,根据种子发芽率及土壤墒情适当增减播种量。

3.播种方式

条播、穴播和撒播皆可,以条播为宜,行距 50~60 厘米。

4.播深

播种深度为 3~5 厘米,播后及时覆土。

四　饲用甜高粱的田间管理

1.追肥

拔节期每亩追施尿素 5~10 千克。

2.管水

拔节期和抽穗期适时灌水,遇涝排水。

3.病虫害防治

主要病虫害种类及防治见表 5-1,符合相关行业标准的规定。

表 5 - 1　饲用甜高粱主要病虫害种类及防治

类型	防治对象	防治时期	防治方法
病害	高粱紫斑病	播种前	6％戊唑醇悬浮种衣剂 50 毫升,兑水 100 毫升,拌种 2 千克;或 50％多菌灵可湿性粉剂 10 克,兑水 100 毫升,拌种 1 千克

续表

类型	防治对象	防治时期	防治方法
病害	高粱炭疽病	播种前或苗期	30%苯醚甲环唑悬浮种衣剂10毫升,兑水100毫升,拌种5千克 苗期75%肟菌戊唑醇1 200～1 500倍液喷雾
虫害	蝼蛄	播种前	60%吡虫啉悬浮种衣剂10毫升,兑水50～100毫升,拌种2～2.5千克
	蛴螬	播种前	60%吡虫啉悬浮种衣剂10毫升,兑水50～100毫升,拌种2～2.5千克
	玉米螟	心叶期至抽穗期	5%氯虫苯甲酰胺悬浮剂600～900倍液喷雾
	高粱蚜	拔节期至成熟期	70%吡虫啉水分散粒剂1 800～3 000倍液,或10%氟啶虫酰胺水分散粒剂600～900倍液,喷雾
	黏虫	灌浆成熟期前	5%氯虫苯甲酰胺悬浮剂600～900倍液,或1.5%甲胺基阿维菌素苯甲酸盐乳油1 800～3 000倍液,或15%茚虫威悬浮剂1 200～1 800倍液,喷雾
	飞虱	苗期至成熟期	50%吡蚜酮水分散粒剂1 500～2 400倍液喷雾

4.化学除草

播后苗前选用莠去净旱田除草剂,或出苗后(株高约30厘米)施用氯氟吡氧乙酸除草剂。

五 饲用甜高粱的收获与利用

1.收获时间

(1)用作青饲料,在孕穗期收获。

(2)用作青贮饲料,在灌浆成熟期前秸秆连同籽粒一并收获。

(3)用作糖料、粮食和生物质能源,均在成熟期收获。

2.饲喂利用

初次接受甜高粱饲喂的畜禽,可能有些不太适应,一般经过3~5天的训饲后可大量投喂。如果甜高粱秸秆切割过细,反而对牛羊的反刍不利,因此在大量投喂青贮料时,应适当补饲优质干草。

第三节 饲用玉米的栽培管理技术

　　玉米是禾本科玉蜀黍属一年生草本植物。玉米原产于中美洲,现全球有两大著名玉米黄金带,分别位于美国和中国。中国是全球第二大玉米生产国,也是全球第二大消费国,其后是巴西、墨西哥、阿根廷。饲用玉米是玉米家族中的特殊类型,其营养丰富,淀粉和可溶性碳水化合物含量高,粗蛋白和胡萝卜素含量也较多,粗蛋白质含量为3%以上,亚油酸含量达2%。其秸秆通过青贮具有酸香味,柔软多汁,木质素含量低(约2%),适口性好,易消化。因此,玉米有着"饲料之王"的美誉。饲用玉米包括粒用饲料玉米和青贮饲料玉米。粒用饲料玉米主要有优质高蛋白玉米和高油玉米,青贮饲料玉米包括青贮专用型玉米和粮饲兼用型玉米。青贮专用型玉米亩产鲜秆为4.5~6.3吨,可保证一年四季均衡供应,是牛、羊、鹿等的优质青粗饲料。

一 饲用玉米的植物学和生物学特性

　　饲用玉米(图5-3)为短日照喜温 C_4 植物,需水量较多,对土壤要求不十分严格,在 pH 为 6~8 的土壤上都可以种植。其茎秆直立,通常不分枝,高 1~2.5 米,须根系,除胚根外,还从茎节上长出节根。近地面茎节上轮生几层气生根。茎直径 2~4 厘米,有节和节间,茎内充满髓。叶片一般有15~22 片,叶舌膜质,叶鞘具横脉;叶片线状披针形或剑形,在

图 5-3 饲用玉米

茎的两侧互生,叶片长80~150厘米,宽6~15厘米。饲用玉米雌雄同株异花。雄花生于植株的顶端,为圆锥花序。雌花生于植株中部的叶腋内,为肉穗花序,雌花花序被多数宽大的鞘状苞片所包裹,雌花花穗腋生,具粗大中轴,雌小穗孪生,成16~30纵行排列于轴上,外稃及内稃透明膜质,雌蕊有极长而细弱的线形花柱。饲用玉米籽粒有硬粒型、马齿型、半马齿型等。

二 饲用玉米的播前准备

1.品种选择

选用通过国审(或省审,或认定)的品种,尽量选择茎叶繁茂、根系发达、抗倒伏和抗病能力强的品种。

2.地块选择与整地

选取土质疏松肥沃、有机质含量丰富的地块。精细整地,做到土体细碎,上虚下实。

三 饲用玉米的播种

1.播种时期

与普通粒用玉米基本相同,要求土壤表层5~10厘米的地温稳定在10摄氏度以上时开始播种。

2.播种量

一般根据种植的品种特性确定,合理密植有利于高产。若采用精量点播机播种,播种量为2~2.5千克/亩;若采用人工播种,播种量为2.5~3.5千克/亩。一般青贮玉米的亩保苗数为5 000~6 000株。

3.播种方式

采用大垄条播,行距60厘米,株距15~20厘米,深度5厘米左右。单条播或双条播都可。青贮玉米可与豆科作物混播,从而提高产量,改善营养价值。

四 饲用玉米的田间管理

1.苗期管理

播种后要及时查看苗情,若采用地膜覆盖,要防止地膜内高温烧苗。一般在三、四叶期间苗,五、六叶期定苗。

2.水肥管理

基肥施用优质农家肥5 000千克/亩,三元复合肥20~25千克/亩。在整个饲用玉米生育期,一般灌水5~6次,并结合灌水追肥2~3次。生育期间追施尿素60~80千克/亩,同时可结合病虫害防治,喷洒一定量的钾、锌等微肥。

3.病虫害防治

培育壮苗,增强植株抗逆性,改善田间通风透光条件,降低田间温度和湿度。创造不利于病虫害发生的田间小环境是病虫害防治的关键。地下害虫可在春天整地时施入溴氰菊酯防治,也可在玉米出苗后喷洒杀虫剂防治;玉米丝黑穗病、黑粉病可用包衣剂内添加药物防治;玉米雌雄穗蚜虫用杀虫剂防治;及早用杀螨剂和杀卵效果好的内吸性杀虫剂防治红蜘蛛;在玉米螟成虫发生盛期可采用频振式杀虫灯或高压汞灯诱杀,或释放松毛虫赤眼蜂杀灭,或用氯虫苯甲酰胺防治;等等。

五 饲用玉米的收获与青贮

1.收获时期

青贮玉米的最适收割期为玉米籽实的乳熟末期至蜡熟前期,此时收获可获得最佳产量和营养价值。收获时应选择晴好天气,避开雨季,以免因雨水过多而影响青贮饲料品质。青贮玉米一旦收割,应在尽量短的时间内完成青贮,不可拖延时间过长,避免因降雨或本身发酵而造成损失。

2.收获方法

大面积青贮玉米地都采用机械收获。有单垄收割机械,也有同时收割 6 条垄的机械。边收割边切段随装入拖车当中,拖车装满后运回青贮窖装填入窖。小面积青贮饲料地可用人工收割,把整棵的玉米秸秆运回青贮窖附近后,切段装填入窖。

在收获时一定要保持青贮玉米秸秆有一定的含水量,正常情况下要求青贮玉米秸秆的含水量为 65%~75%。如果青贮玉米秸秆在收获时含水量过高,应在切段之前进行适当的晾晒,晾晒 1~2 天再切段,装填入窖。水分过低不利于把青贮料在窖内压紧压实,反而容易造成青贮料的霉变,因此选择适宜的收割时期非常重要。

3.青贮方法

切段的青贮饲料在青贮窖内要逐层装填,随装填随镇压紧实,直到装满窖为止。装满后要用塑料膜密封,密封后再盖30厘米厚的细土。为了防冻,还可在土上再盖上一层干玉米秸秆、稻秸或麦秸,以防止结冻,对冬季取料有利。如此制作完成的青贮玉米料经过 20 天左右即可完成发酵,再经过 20 天的熟化过程即可开窖饲喂。此时的青贮料气味芳香、适口性好、消化率高,是牛、羊、鹿等的极好饲料。青贮过程一旦完成,只要能保证封闭条件不被破坏即可长期保存。

▶ 第四节　黑麦草的栽培管理技术

黑麦草为禾本科黑麦草属,一年生或多年生草本植物。黑麦草属约有 20 个种,其中多年生黑麦草和一年生黑麦草是具有经济价值的栽培饲草,在新西兰、澳大利亚、美国、英国和我国被广泛用作牛羊饲草。一年生黑麦草又名多花黑麦草、意大利黑麦草,最适于在我国长江流域种植,在北方较温暖多雨的地区生长得也很好,是饲喂草食家畜或鱼类的优质饲料。

一 黑麦草的植物学和生物学特性

一年生黑麦草（图5-4)根系发达，茎高50~120厘米,茎秆直立,圆形,柔软,具2~4节;叶片较多年生黑麦草略长而宽,略粗涩,尤以叶边缘及叶面为甚;叶舌短,叶耳明显;穗状花序，长15~25厘米，每小穗10~20枚小花，故又叫作多花黑麦草。它与多年生黑麦草不同之处在于植株较粗大，叶宽而长,叶早期卷曲,叶耳大而明

图5-4　黑麦草

显,小穗花数略多;外稃具锯齿状芒,内外稃近等长;发芽种苗幼根在紫外线下发出荧光,而多年生黑麦草则不能。颖果菱形,千粒重1.5~2.0克。

一年生黑麦草喜湿喜温,分蘖能力强,再生性好。种子发芽的适宜温度为20~25摄氏度,抗寒力不强,不能抵抗晚霜,但其种苗可以忍受1.7~3.2摄氏度的低温。植株在昼夜温度为25/12摄氏度时生长速度最快。抗旱能力也很差,最适宜在年降水量为1 000~1 500毫米的地区生长。喜肥沃而深厚的壤土或沙壤土,一般在黏性土上也能生长。适宜生长的土壤pH为6.0~7.0，在pH为4.7~6.3的红壤土以及pH为8.5~9.0的盐碱土上也能生长。不耐长期积水,但耐湿性比紫云英强。

二 黑麦草的播前准备

1.品种选择

选用通过审定(或登记)的品种,并且系近期采收的成熟完好的种子。

2.地块选择与整地

选择开旷通风、光照充足、土层深厚、肥力中等、排水良好、杂草较少的地块。若为低洼地,应配置排水系统。

3.施肥、灌溉、除草

由于黑麦草的种子小而轻,要求深耕细耙,使土块细碎,并清除杂草和其他植物幼苗。

一般施复合肥 15~20 千克/亩或有机肥 1 000~1 500 千克/亩,钙镁磷肥 50 千克/亩作为基肥。

播种前对土壤进行适当灌溉,促进杂草种子萌发,然后用无残毒的灭生性除草剂灭杀杂草幼苗;或者在整地后播种前 20 天将氟乐灵除草剂施入土壤表层以防除杂草。

4.种子处理

为预防黑穗病,播前用 1%的石灰水浸种 1~2 小时,或用萎锈灵或福美双按一定比例拌种,等等。

三 黑麦草的播种

1.播种时期

最好选择气温稳定在 15~20 摄氏度的湿润天气。一般以 9 月下旬至 10 月上旬为最佳播期,最迟不超过 11 月底,早播有利于幼苗根系和分蘖在冷季来临前充分发育,从而有较强抗寒能力并能缓慢生长。

2.播种量

视土壤肥力而定,一般为 0.75~1.33 千克/亩。

3.播种方式

主要有条播和撒播等方式,其中以条播居多。条播的畦宽度为 2 米,播种开浅沟,沟深为 1~2 厘米,行距为 25~30 厘米,覆土深度为 0.5~1.0 厘米,播后最好能镇压一次,以使种子与土壤能充分接触,有利于发芽出苗。至于撒播,一般是将种子均匀撒在土壤表面后轻耙,采用该方法时,一般都同时施有机粪肥,即把已经发酵的粪肥均匀地撒在土面上,既利于土壤保湿,也防止种子发芽后受阳光直射。

四 黑麦草的田间管理

1.中耕除草

黑麦草种子细小,发芽后顶土力弱,如播后遇大雨土壤板结,应及时松土;如遇长时间干旱,应适时灌溉,以利出苗、保苗。黑麦草苗期生长缓慢,不耐杂草,要及时中耕除草,以促进根系的发展,培育壮苗越冬。

2.水肥管理

黑麦草对水肥需求量大,水肥充足可促进分蘖。出苗后 3~5 天施尿素 2.5 千克/亩作为"断乳肥";在 3~4 片叶时,追施尿素 5.0~10.0 千克/亩作为分蘖肥;拔节时追施氯化钾 10.0 千克/亩,以促进拔节,防止倒伏。黑麦草播后 25~30 天,要经常浇水或灌水,保持土壤湿润。

3.病虫鼠鸟害防治

多花黑麦草抗病虫害能力较强,但也易受麦秆蝇、叶锈病和黑穗病的危害。可在分蘖拔节期、孕穗期喷洒低残留药剂防治麦秆蝇,用三唑酮可湿性粉剂 1 000~2 500 倍液、12.5 %特普唑可湿性粉剂 2 000 倍液等防治叶锈病,用三唑酮、多菌灵等杀菌剂防治黑穗病。

五 黑麦草的刈割

黑麦草刈割次数主要受播种期及生育期的气温、施肥水平的影响,当植株高 20~30 厘米时开始刈割。秋播的黑麦草,一般春季前刈割 1 次,时间在 12 月中旬至翌年元月份,留茬高度 5~6 厘米,因其再生能力强,以后每隔 30 天左右可刈割 1 次。若施肥水平高,黑麦草生长快,可适当增加刈割次数。

第五节　皇竹草的栽培管理技术

皇竹草是由美洲狼尾草与象草杂交而成的，也称杂交狼尾草、甘蔗草、王草等。其因产草量高，营养丰富，抗旱能力强，适应性广，可用于喂牛、羊等草食性牲畜及禽类和鱼类。1982年，皇竹草被从哥伦比亚引种到我国海南后，逐渐在云南、四川、贵州、广东、湖南、湖北、浙江、安徽、山东、山西、河南、河北、陕西、甘肃、宁夏、内蒙古、新疆等10余省（自治区）推广种植。

一　皇竹草的植物学和生物学特性

皇竹草（图5-5）为禾本科狼尾草属，系多年生直立丛生的 C_4 草本植物，外形似甘蔗，但比甘蔗细很多。地表上部植株直立丛生，高大粗壮，茎高3~4米，最高可达5米。一般有20~30个节，节间长9~15厘米，下部的节较长而上部的节相对较短，每节着生一个腋芽并由叶片包裹。茎粗2~3.5厘米，上部的茎能长出分枝，中下部的茎节能生出气根。叶宽3.5~4厘米，叶长60~120厘米，叶的背面有如针形的白色短毛绒。圆锥花序，淡黄色，种子籽粒较小。

图5-5　皇竹草

二　皇竹草的播前准备

1.地块选择与整地

选择土层深厚、肥力较高、阳光充足和排水良好的田地。

播前土地深耕 25~30 厘米,整细土块,清除杂草。农田实行开畦种植;山园应整地为畦,陡坡地应沿等高线平行开穴种植;涂园、河滩应整地为垄,垄间开沟。

2.育苗技术

皇竹草选取 6 月龄以上、无病害、成熟粗壮的茎节扦插或根茎分株移栽方式育苗。主要利用腋芽进行营养繁殖,每亩地用种芽 1 000 株,合种茎用量 100~120 千克。在土壤、气候及管理条件较好时,可直接在大田栽种。一般情况下,为保证茎节(根茎)出苗率,应采用先育苗、后移栽的方式。育苗时间在 3~5 月份、气温在 15 摄氏度以上。选用腋芽的茎秆撕去叶片后,用刀切成段,切口位置为两个节间的中央处,每段留 1~3 个腋芽。在切口处用 2%的石灰水浸泡 10 分钟,或涂抹新鲜草木灰进行防腐处理。将种茎按 45 度斜放于种植窝内,腋芽朝上,株距 40~50 厘米,行距50~60 厘米,覆土 3~5 厘米,浇足定根水,以后每周浇水 2~3 次。

三 皇竹草的栽植

1.栽植密度

用作饲草时,每亩栽植 2 000~3 000 株,株行距为 50 厘米×66 厘米;用作种节繁殖时,每亩栽植 800~1 000 株,株行距为 80 厘米×100 厘米。如光照不足,宜稀植,防止倒伏。

2.栽植方法

用较粗壮、芽眼突出的节、芽或分蘖为繁殖材料。每节(芽或蘖)为一个种苗。节(芽)可平放,也可斜放或直插入土 7 厘米;若用分蘖栽植,深度 7~10 厘米。一般 10~20 天可出苗。

四 皇竹草的田间管理

1.水肥管理

皇竹草耐肥性强,肥水条件越好,产草量越高,建议每亩地施农家肥

2 500~3 000 千克作为基肥,地块周围开排灌沟。生长前期加强中耕除草,适时浇水和追肥。

2.病虫害防治

皇竹草病虫害少,一般情况下无须打药。但是苗期可能有少量钻心虫危害,可使用水氨硫磷等农药防治。

五 皇竹草的刈割

当株高 80~200 厘米时,即可刈割利用,每年刈割 4~8 次。每刈割 1 次,追施 1 次肥料,浇水时每亩施用尿素 25 千克或碳酸氢铵 50 千克。若是喂饲大型草食动物,可让植株长得高大一些再刈割;若是喂饲小型草食动物,则可刈割嫩叶或加工成草粉。

六 皇竹草的越冬管理

皇竹草在气温低于 8 摄氏度时生长受到抑制,低于 5 摄氏度时停止生长,低于 0 摄氏度时发生冻害。为了减轻冬季低温对皇竹草的危害,在低温来临前应将植株的叶片去掉。对于冬季气温在 0 摄氏度以上的地区,可留茬 15 厘米左右,其上还需加盖干草或塑料薄膜保温越冬。留种用的茎秆,在经霜前砍下打捆保存,以下四种保存方法供选择:

1.地窖保存法

茎秆尖上面留 50 厘米左右叶子,以 50 根为一捆,直接放入地窖,对于较长的植株可将其砍成两段,用塑料薄膜包扎捆好,再放入地窖保存,直到翌年 3 月份后,再切成一芽一节,用于栽培。该方法投资少,管理简单,适合小面积种植采用。

2.挖坑保存法

选择地势较高处(地下水位低于 200 厘米)挖坑,坑深 150 厘米,然后在坑底铺 10 厘米厚稻草,再将不剥叶片的植株以 50 根为一捆放入坑内,每坑装入 10~15 捆。若天气太干,需在装坑时撒水淋透,盖 20~30 厘米厚的泥土,或盖塑料薄膜后再用 20~30 厘米厚的泥土覆盖,保存温度控制在 10~12 摄氏度,翌年 3 月份挖出切节种植,该方法适合批量留种采用。

3.塑料大棚法

将种株连根移栽到塑料大棚内,按 20 窝/米²,根茎间隙用泥土覆盖,然后浇足水。日常注意通风、保温,控制棚内温度在 5~15 摄氏度,相对湿度在 80%~90%。此种方法投资大,越冬效果最佳,适宜大规模保种采用。

4.冬季扦插育苗过冬法

当年 11 月份将扦插育苗地翻犁、整平、开畦,畦与畦之间留沟 40 厘米左右作为水沟和工作道。然后将种茎一芽一节斜切,芽眼上部留短,下部留长,斜插入畦土内,株距 5~6 厘米,用水浇透后覆盖地膜,并在地膜上面用竹条拱盖一层厚膜,保持温度在 12 摄氏度以上,当温度超过 25 摄氏度时需要揭膜通风,低于 20 摄氏度时需盖膜,直到翌年 2 月下旬,待长出 2~3 片叶子,即可拔苗移栽。该方法适宜大面积推广采用,不仅为来年生长赢得时间,还可以降低用种量。

▶ 第六节　燕麦的栽培管理技术

燕麦是禾本科燕麦属一年生草本植物。原产于地中海沿岸及亚洲西部,在全世界广为栽培,喜温暖湿润气候,能耐夏季炎热,也较耐寒,主要集中在北半球的温带地区。我国于 20 世纪 50 年代从俄罗斯等国引进,目前主产区有内蒙古、河北、吉林、山西、陕西、青海和甘肃等地,其中内蒙古种植面积最大,此外在云南、贵州、四川、西藏、安徽有小面积种植。燕麦的粗蛋白质、粗纤维含量中等,无氮浸出物含量丰富。以往主要利用籽粒磨面食用,近年来随着我国畜牧业发展,已把全株用作饲料。其营养价值较高,但味略苦,主要用于饲喂牛、马,一般不作为猪和禽的饲料。

一 燕麦的植物学和生物学特性

燕麦(图 5-6)为须根系,高 1~1.5 米,具 4~5 节,秆直立,叶鞘松弛,叶舌透明膜质,叶片扁平,微粗糙,圆锥花序,小穗轴近于无毛或疏生短毛;第一外稃背部无毛,基盘仅有少数短毛或无毛、无芒,或仅背部有一较直的芒,第二外稃无毛、通常无芒。秆生叶舌膜质,长约 1 毫米;叶片扁平,粗糙或下面较平滑,长 14~25 厘米,宽 3~9 毫米。种子千粒重 3 克左右。

图 5-6　燕麦

二 燕麦的播前准备

1.环境温度

燕麦种子发芽的最低温度为 3~4 摄氏度,幼苗能耐 -4~-2 摄氏度的低温,遇 -4~-3 摄氏度低温仍能缓慢生长,-6 摄氏度则受害。开花和灌浆期遇高温则影响结实。

2.整地

燕麦对土壤要求不严,喜温暖湿润气候,能耐夏季炎热,也较耐寒,耐旱抗碱力中等。可在富含腐殖质的砂质黏土或黏土及干涸的沼泽地生长,不适于在砂土和含氮低的土壤上生长。土壤尽量整细,以起到预防倒伏的作用。

三 燕麦的播种

1.播种时期

播种时期因地区和播种目的不同而异,在南方可在 3 月份春播,也可在 9 月份秋播,北方则多在 4 月份春播,用于短期草地。

2.播种量

单播播种量为 10~15 千克/亩,青刈草可适当密植,播种量增加 20%~30%。

3.播种方式

一般采用条播,行距为 15~30 厘米,覆土深度 3~4 厘米。燕麦忌连作,燕麦宜与豌豆、毛苕子等豆科作物混播,播种量占 2/3~3/4。

（四）燕麦的田间管理

1.中耕除草

燕麦生长到 10~15 厘米的时候,进行中耕除草可增加土壤的通透性,起到预防病害的作用;拔节期再进行一次深中耕,可促进须根生长,增强吸收水肥能力,防止后期倒伏,便于排灌。若杂草较大,可采取化学除草。

2.肥水管理

每亩可施有机肥 1 500~2 500 千克作为基肥。在幼苗长到 5~10 厘米时,需要补充一次肥料,前期以氮肥为主,后期以钾肥为主,以防造成徒长而引起倒伏。从分蘖到拔节是需水分最多的时期,需要大量的水分和养分。

3.病虫害防治

燕麦病害主要有黑穗病、红叶病和秆锈病等,虫害主要是蚜虫、黏虫、土蝗、蝼蛄、金针虫等。病虫害防治坚持"预防为主,综合防治"的原则,适时播种,使开花期避开雨季。轮作倒茬可有效防治虫害。拌种处理,可增强抗病虫害能力。若病虫害大量发生时,可用化学方法防治,但要使用低毒、低残留的农药。

（五）燕麦的刈割与利用

燕麦是一种营养价值极高的饲料作物,其籽实是很好的精饲料,秸秆

比较柔软,适口性较好,青饲、晒制干草、青贮均可。收籽粒时,要在穗上部的籽粒达到完熟,而穗下部籽粒蜡熟时收获,一般亩产在 100~150 千克。作为青草用时,可在拔节至开花期刈割,可刈割 2 次,第一次留茬 5~8 厘米,一般每亩产鲜草 100~133 千克。晒制干草或青贮时,宜在乳熟期到蜡熟期刈割,土壤肥沃且管理条件好的每年可刈割 3~4 次,每亩可收鲜草2 000~2 500 千克。用于放牧时,在株高 20~25 厘米时开始放牧,一年后可放牧 4~5 次。一般第二年产草量最高,第三、第四年生长势逐渐减弱,直至消失。

第七节　牛鞭草的栽培管理技术

牛鞭草属禾本科多年生草本植物,在全世界有近 20 种,分布于北非、欧洲地中海沿岸及亚洲。我国主要有扁穗牛鞭草、牛鞭草、长花牛鞭草和小牛鞭草 4 种。我国东北、华北、华中、华南、西南各地均有分布;多生于田地、水沟、河滩等湿润处。牛鞭草具有耐刈割、返青早、较耐低温和高温干旱、适口性好、利用率高、生长期长等特点,在群落中常表现出侵占性和独占性,牛、羊、兔、鱼等喜食。由于固土保水性能良好,常年青绿,抗逆性和再生性好,牛鞭草也可作为护堤、护坡和护岸的水土保持植物。

一　牛鞭草的植物学和生物学特性

牛鞭草(图 5-7)有长而横走的根茎,茎秆直立时高 70~100 厘米,直径约 3 毫米,中部多分枝,茎上多节,节处折弯。叶片较多,线形或广线形,长 10~25 厘米,宽 4~6 毫米。总状花序单生或簇生,长 6~10 厘米,直径约 2 毫米。无柄小穗卵状披针形,长 5~8 毫米;第一小花仅存膜质外稃;第二小花两性,外稃膜质,长卵形,长约 4 毫米。在四川、贵州南部地区栽培种植,能开花结实,但结实率极低,种子不容易收获,只能用茎节，采用扦插方法进行无性繁殖，全年均可进行，但冬季的成活率低于春夏秋季。当日温为 15~20 摄氏度时，在湿润土壤中栽培，5~7 天可萌发新根，10 天出苗。

图 5-7　牛鞭草

二　牛鞭草的栽前准备

地块选择：选择有灌溉条件、土层深厚的地块，清除杂草。

三　牛鞭草的栽植

对于牛鞭草的栽植，可选用以下三种方法：

1.扦插

以生长健壮的茎段作为种茎，切或剪成小段，每小段含 2~4 节，按照 10 厘米左右株距放种茎，使种茎倾斜，与地面成 45 度角，以沟泥压紧种茎 1~2 节，外露 1~2 节。该方法发芽快，分蘖快，便于中耕除杂，但费工，且种茎用量大。

2.横埋

将全株种茎埋在沟里，只露出两头，盖土浇水。该方法节约种茎，省时省工，但与第一种扦插方法比较，出土慢。

3.撒播

把含 1~2 节的种茎均匀撒播在地里，覆浅土，然后浇水，让其自然生长。该方法省时省工，适用于大面积种植，但种茎用量大，且成活率比前两种方法低。

四　牛鞭草的田间管理

1.水肥管理

栽培前,根据土壤肥力情况,每亩施有机肥 1 500~3 000 千克,通过耙、糖打碎土块,注意保持土壤的湿度;化肥施用磷、钾肥,以促生根,免生杂草。牛鞭草生长过程中,对土壤要求不严,但栽植前应保证水肥充足,以促进分蘖,提高产草量。每次刈割后,建议每亩追施氮肥7.5 千克。冬季建议追施有机肥,以延长利用年限。

2.病虫杂草防治

牛鞭草喜温热湿润气候,因此易滋生蝗虫和黏虫类,建议采用生态防治法,如草地灌水与晒地相结合,轮流刈割等;也可在虫害发生前除杂草时深耕,在其虫卵孵化期进行刈割利用等;另外,辅以化学防治。

五　牛鞭草的刈割与利用

牛鞭草作为青饲用时,以拔节到孕穗前期刈割为宜;若用于调制干草,则以拔节到抽穗期刈割为好;若进行青贮,则以抽穗期至结实期刈割为宜。一般在草高 65 厘米左右,可刈割利用,留茬高度为 8 厘米左右,在水肥正常情况下,一年可刈割 5~6 次,在霜前刈割完毕。春季牛鞭草返青时应禁牧,夏季是牛鞭草生长的高峰,秋末之后其生长发育最为缓慢。

▶ 第八节　早熟禾的栽培管理技术

早熟禾是禾本科早熟禾属一年生或冬性禾草类植物。可生长在海拔100~4 800 米的平原和丘陵的路旁草地、田野水沟或荫蔽荒坡湿地。欧洲、亚洲及北美洲均有分布。我国从海南、台湾到新疆、内蒙古、黑龙江均有分布。从早春到秋末,牛、马、羊都喜欢食用;成熟后期,早熟禾上部茎叶,牛、羊仍然喜食。夏秋时期的早熟禾是牲畜的抓膘草,甚至可以给小型的鸟类如鹦鹉吃,但不能作为主饲料来饲喂。

一 早熟禾的植物学和生物学特性

早熟禾(图 5-8)秆直立或倾斜,高 6~30 厘米,质软,平滑无毛。叶鞘稍压扁,中部以下闭合;叶舌长 1~5 毫米,圆头;叶片扁平或对折,长 2~12 厘米,宽 1~4 毫米,质地柔软,常有横脉纹,顶端急尖呈船形,边缘微粗糙。圆锥花

图 5-8　早熟禾

序宽卵形,长 3~7 厘米,小穗卵形,含 3~5 朵小花,长 3~6 毫米,绿色;颖质薄,外稃卵圆形,顶端与边缘宽膜质,花药黄色,颖果纺锤形,4~5 月份开花,6~7 月份结果。

二 早熟禾的播前准备

1.地块选择

早熟禾耐旱性和耐阴性都较强,在−20 摄氏度低温下能顺利越冬,−9 摄氏度下仍保持绿色,但抗热性较差,在温度超过 25 摄氏度时逐渐枯萎。对土壤要求不高,但不耐水湿。喜偏酸性至中性土壤,以 pH 6.0~7.5 最为适宜,如果环境偏碱性,可以施一些有机肥进行改良。

2.整地

整地是为早熟禾播种和管理提供良好的前提条件。一般分为人工作业和机械操作两种整地形式,主要包括深耕土壤、捣碎土块、清除根茬、清理杂草、疏松表土等。因早熟禾的种子极小,最大土块直径不能超过1 厘米,要求做到土块细碎、平整。

三 早熟禾的播种

1.播种时期

温暖地区春、夏、秋都可播,秋播最宜;春播宜早,以利越夏并避免与杂草竞争;高寒地区春播以 4~5 月份为宜,秋播以 7 月份为好。晚春播种不如早夏播。

2.播种方式及播种量

可条播,也可撒播,以条播为佳。条播的行距为 15~30 厘米,每亩播种量为 0.5~1 千克,播深 1~2 厘米,均匀播种,浅覆土,播后镇压 1~2 次。若与白三叶、百脉根等豆科饲草混播,可提高草产量和质量,并调节供草季节。播种后要求镇压土地,保持土地湿润。

四 早熟禾的田间管理

1.浇水

浇水遵循不干不浇、浇则浇透的原则。生长初期应水分充足,但在出苗 1 周左右宜保持干燥。夏季气温高,土壤水分蒸发快,应多浇、勤浇。

2.追肥

底肥必须施足,贫瘠的沙质地和盐碱地更要多施肥。追肥的原则是少施、勤施,以尿素为例,施用量为每次每亩 5~6 千克,超过 10 千克就有烧叶伤根的危险。

3.杂草防治

杂草防治方法主要有人工防治、化学防治、机械防治、利用覆盖或遮光等原理替代控制和生态防治等方法。一般可在杂草幼小期喷洒 2,4–D 类除草剂,以消灭蒿类等阔叶杂草。

4.病虫害防治

在夏季多雨高温的时候,早熟禾容易染上叶斑病,若长时间积水,可能引发茎腐病、锈病等。建议在播种之前做好土壤和种子的消毒工作；若病虫害严重，需做好药物喷洒，以免引发感染。早熟禾常见的害虫有日本甲虫及草地螟等，建议提前将土壤中残留的虫卵或者幼虫杀死。

五 早熟禾的刈割

早熟禾在炎热的夏季仍能保持生长状态，叶量丰富，从早春到秋季，可以作为放牧草地或刈草地，也可制成干草贮存供家畜利用。若采用低茬高频刈割，建议留茬高度为 5 厘米，刈割频度为 7 天 1 次。

▶ 第九节　苇状羊茅的栽培管理技术

苇状羊茅又称苇状狐茅、高羊茅，属于禾本科羊茅属植物。原产于欧洲，具有生产力高、再生性强、耐旱性与耐寒性较强、对土壤适应性较广等优点，是重要的饲草和草坪草兼用型草种。苇状羊茅已经成为美国建植人工草地最重要的冷季型饲草之一，在我国北方暖温带及南方亚热带都有栽培。近年来，随着我国种养结构调整和生态环境的治理以及南方现代草地畜牧业推进计划项目的实施，苇状羊茅已经成为建立人工草场、改良天然草场和草牧业发展的优良草种之一。

一 苇状羊茅的植物学和生物学特性

苇状羊茅（图 5-9）属多年生草本植物，茎直立，疏丛型，高 80~120 厘米，须根系发达；叶呈条形。一般品种茎叶干物质中粗蛋白质、粗脂肪、粗纤维的含量分别为 15%、2%、26.6%。各种家畜均喜食。其作为饲草，一年可刈割多次，其中以秋季可食性最好。

苇状羊茅为异花授粉植物，圆锥花序，松散多枝；颖果呈棕褐色。苇状羊茅抗寒、耐热、耐干旱、耐潮湿，在冬季 -15 摄氏度温度下可安全度过,在夏季能耐 38 摄氏度高温;在 pH 4.7~9.5 环境下可正常生长。苇状羊茅在早春需要经历低温春化阶段才能开花,其分蘖枝条需经过早春、晚秋甚至冬季的低温才能发育为生殖枝。苇状羊茅为长日照植物,必须通过一定时期的长日照(>14 小时),花芽才能分化,否则将一直处于营养生长阶段。

图 5-9 苇状羊茅

二 苇状羊茅的播前准备

1.品种选择

选用通过审定(鉴定或认定)的品种。用 10~25 摄氏度温水浸泡种子 10~12 小时,除去漂浮在水面上的秕种子。

2.地块选择

选择年平均气温在 20~25 摄氏度的温暖湿润地区,且尽量避开结实期阴雨连绵的地区。宜选择空旷通风、光照充足、排水良好、肥力适中、土层深厚、杂草较少的地块。

3.整地

清除田间杂草,耕整地块,深度一般为 35~45 厘米,耙平耙碎,镇压地块起保湿作用。对于有一定坡度的田块,应沿斜坡方向开沟排水。

4.基肥

基肥可施用复合肥 25 千克/亩,或者施有机肥 1 000 千克/亩和钙镁磷肥 10~15 千克/亩。

三 苇状羊茅的播种

1.播种时期

春季或秋季。春季宜于 3 月份;秋季宜于 9 月份,过于迟播则幼苗难于越冬。

2.播种量

播种量为每亩 0.75~2 千克,条播行距一般为 30~60 厘米,视不同品种而有所差异。

3.播种方式

条播或撒播,建议与细沙按 1:5 比例拌匀,撒播时要求均匀,注意避开有风的天气。苇状羊茅可与红三叶、白三叶等豆科饲草混播。

4.播种深度

1.5~2 厘米。

四 苇状羊茅的田间管理

1.水肥管理

播前需施足底肥。播种时每亩施氮肥 1.5~2.5 千克。苇状羊茅苗期生长缓慢,应注意中耕除草,生长期间适当灌溉,并结合追肥。春季施肥对苇状羊茅返青和生长有利,一般可在返青期追施尿素 15 千克/亩,而秋季施肥对苇状羊茅种子结实和成熟有利。加强水肥管理,不但可以提高草产量,还可以提高其品质。

2.杂草和病虫害防治

苇状羊茅杂草防除应集中在苗期和分蘖期。苇状羊茅的主要病害为叶锈病,可采用提前刈割的方式进行防治,或者隔 15 天左右喷 1 次广谱杀菌剂;若发现虫害,可施用杀虫剂予以防治。

五　苇状羊茅的刈割

苇状羊茅营养价值高,适宜刈割青饲或晒制干草。刈割最适时期为抽穗期,留茬高度一般为 10~12 厘米,不能低于 5 厘米,当再生草高达 20 厘米时可再放牧。制作干草应在立秋前半个月刈割,堆贮,以备冬用。

▶ 第十节　鸭茅的栽培管理技术

鸭茅为禾本科鸭茅属多年生草本植物,又名鸡脚草、果园草等,具有适应范围广、容易栽培、分蘖力高、再生性强、叶量多、利用年限长、草质柔嫩、适口性好、产量高、营养丰富等特点。鸭茅分布于欧、亚温带地区,北非、北美也有驯化;可以生长在海拔 1 500~3 600 米的山坡、草地、林下。我国西南、西北及华东地区有栽培或因引种而逸为野生。据报道,抽穗期茎叶干物质中含粗蛋白质 12.70%、粗脂肪 4.70%、粗纤维 29.50%、无氮浸出物 45.10%、粗灰分 8.00%。鸭茅是建植人工割草地、刈牧兼用草地及改良天然草场的优良饲草,在我国南方及高海拔地区有着广阔的栽培前景。

一　鸭茅的植物学和生物学特性

鸭茅(图 5-10)的秆直立或基部膝曲,单生或少数丛生,高 40~120 厘米。叶鞘无毛,通常闭合至中部以上;叶舌薄膜质,顶端撕裂,叶片扁平,边缘或背部中脉均粗糙,长 6~30 厘米,宽 4~8 毫米。圆锥花序,长 5~15 厘米,小穗多聚集于分枝上部,含 2~5 朵花,颖片披针形,先端渐尖,长 4~6.5 毫米,边缘膜

图 5-10　鸭茅

质,中脉稍凸出成脊,脊粗糙或具纤毛。第一外稃几乎与小穗等长;内稃狭窄,约等长于外稃,具 2 脊,且有纤毛。花药长约 2.5 毫米。5~8 月份为花果期。种子较小,千粒重 0.97~1.34 克。

二 鸭茅的播前准备

1.环境要求

鸭茅对温度敏感,生长适宜温度为 10~28 摄氏度,昼温 21 摄氏度、夜温 12 摄氏度时最有利于其生长,耐热性较差,夏天气温超过 28 摄氏度时叶老色黄,生长停滞;其抗寒性及越冬性一般,6 摄氏度时生长缓慢,在冬季无雪覆盖的寒冷地区不易安全越冬。鸭茅的抗旱性较好,在年降水量为 500~1 200 毫米的地区均能良好生长。

2.地块选择

鸭茅对土壤要求不严,有良好的耐瘠薄能力,建议选择交通便利、距离养殖场(户)较近、土壤肥沃、保水(肥)性能强、排灌方便的土地种植。鸭茅的耐酸性较强,耐弱碱,但不宜在 pH>8 的盐碱土上种植。有较强的耐阴性,可在果园、茶园、药园、疏林、高秆作物下种植,或与红三叶、白三叶、多年生黑麦草、紫花苜蓿等饲草混播。

3.整地

播种前清除灌丛和杂草并翻耕,耕深 15~25 厘米,必要时耙地,做到土块细碎、表土疏松、地面平整。

三 鸭茅的播种

1.播种时期

播种时期的选择主要考虑播种区域的水热条件、早霜时间、杂草与病虫危害程度和灌溉条件等因素。可春播、夏播或秋播,以秋播为好。春播以 3 月下旬为宜,秋播不迟于 9 月下旬,以防霜害,有利于越冬。具体

播种时间因地而异。建议雨(灌溉)后播种,确保苗齐、苗壮、苗全。

2.播种量

单播用种量为每亩 1~2 千克,条播用种量为每亩 0.75~1 千克,陡坡穴播用种量为每亩 0.02~0.028 千克(5~7 粒/穴)。与白三叶、红三叶、多年生黑麦草等饲草混播时,在灌溉区用种量为每亩 0.55~0.70 千克,旱作区为每亩 0.75~0.80 千克。

3.播种方式

播种前 15~30 天对种子进行清选,确保种子纯净度和发芽率达到播种标准要求。一般可采用撒播、条播或穴播。与多种饲草混合的放牧草地采用撒播,刈割、种子生产基地多采用条播,陡坡种植多采用穴播。若条播,行距 15~30 厘米。覆土 1~3 厘米,可用泥土或腐熟农家肥覆盖并镇压。

四 鸭茅的田间管理

1.禁畜与除杂

鸭茅苗期植株矮小、生长缓慢,要求在播种后到刈割(或放牧)前禁止牲畜进入草地啃食或踩踏。当年虽有一些杂草,如画眉草或狗尾草等可食性杂草伴生,可不必清除,翌年随鸭茅分蘖增多、基叶密度增加以及掉落种子的出苗生长,这些杂草将会逐渐减少或消失;但对一些竞争力极强的带刺植物或恶性杂草,因其与鸭茅争地、争光、争水、争肥,应予以清除。

2.水肥管理

为促进鸭茅生长和分蘖,提高产草量和品质,延长利用时间,增强抗病力,应适时浇水。鸭茅需肥较多,应施足基肥。以腐熟的畜禽粪便(厩肥)为首选,一般施用量为每亩 2 000~3 000 千克。对于撒播,在耕地前施入;对于条、穴播,可在翻耕前施入或播前施入播种沟或穴内。如施有机肥,用量为每亩 100~150 千克;施复合肥,用量为每亩 50~80 千克。在刈割或放牧后结合浇水,追施尿素或复合肥每亩 10~30 千克。

3.病虫害防治

贯彻预防为主、综合防治的原则,用药必须符合行业标准要求。鸭茅病害有锈病、叶斑病和条纹病等。首先进行种子清选、检疫和消毒,在发病初期高密度放牧(刈割)或拔除患病株与病害的转株寄主,也可用三唑酮、多菌灵和托布津等药剂防治。虫害有黏虫、钻心虫和草地螟等。当预测有虫害大面积发生时,应在暴发前 10~20 天进行高密度放牧或刈割,将留茬高度降低为 2~3 厘米,并清理掉落的散短草和枯黄草,让鸭茅拥有良好的光照和透气性。若采用药剂防治,可选用溴氟氰菊酯乳油、辛硫灭多威乳油、氯虫苯甲酰胺悬浮剂等进行防治。

五 鸭茅的刈割与利用

鸭茅单播或与其他饲草混播所建立的人工草地可刈割、放牧或刈牧兼用。在抽穗时以刈割为宜,此时茎叶柔软,质量较好。刈割时应尽量避开酷暑、严寒、暴雨等恶劣天气。开花后刈割则纤维增多,品质下降,还会影响再生。留茬(停牧)高度为 4~6 厘米,太低将影响再生。

鸭茅可通过自然或人工干燥方法调制成青干草、干草,或将青干草、干草加工成草饼、草捆、草粉、草颗粒,或进行青贮,为畜禽越冬度春提供充足的饲草资源,解决地区性、季节性的不平衡矛盾。牛、马、羊可采用鲜(干)饲、草粉(捆、饼、颗粒)或青贮等方式饲喂。猪、兔、禽以鲜饲或青干草粉(颗粒)为主。鱼类可鲜饲或制成悬浮颗粒料。不管利用鸭茅饲喂哪种草食动物,都应根据饲喂对象的生理特点和生长需求,适当添加其他饲料,以提高饲喂效果。

▶ 第十一节　无芒雀麦的栽培管理技术

无芒雀麦又名光雀麦、无芒草,为禾本科雀麦属多年生草本植物。

无芒雀麦原产于欧洲,其野生种分布于亚洲、欧洲和北美洲的温带地区,在我国东北、华北、西北等地也有分布,多生长在林缘草甸、山坡、河边、道旁。无芒雀麦根系发达,地下茎强壮且蔓延能力极强,抗旱,耐寒,耐贫瘠,耐放牧,较耐盐碱,既适应北方干旱和半干旱地区,又适于寒冷干燥地区,在南方地区夏季不休眠,在我国大部分地区均可种植。无芒雀麦既可用来建植人工草地,也可用于青饲、青贮、调制干草或放牧利用,是优良的防风固沙植物和冷季型禾本科饲草。其叶量丰富,营养价值高,适口性好,消化率高,一年四季为各种家畜所喜食,尤以牛为主,即使收割稍迟,甚至经霜后,仍可利用。关于无芒雀麦品种,美国和加拿大选育较多,如"卡尔顿""帕克兰""马丁""林肯"等。20世纪70年代,我国引进了"卡尔顿""林肯"2个品种。国内选育的有"乌苏1号""公农无芒雀麦""奇台无芒雀麦"等。

一 无芒雀麦的植物学和生物学特性

无芒雀麦(图5-11)秆直立,疏丛生,高50~120厘米,无毛或节下具倒毛。具横走根状茎。叶鞘闭合,叶舌长1~2毫米;叶片扁平,长20~30厘米,宽4~8毫米,先端渐尖,两面与边缘粗糙。圆锥花序长10~20厘米,较密集,花后开展;分枝长达10厘米,微粗糙,生2~6枚小穗,3~5枚轮生于主轴各节;小穗有6~12朵花,长15~25毫米;小穗轴节间长2~3毫米,生小刺毛;颖披针,具膜质边缘;外稃长圆状披针形,内稃膜质,短于其外稃,脊具纤毛;花药长3~4毫米。颖果长圆形,褐色,长7~9毫米,通常在长日照条件下7~9月份开花结实。

图5-11　无芒雀麦

二 无芒雀麦的播前准备

1.地块选择

无芒雀麦能在 pH 8.5、土壤含盐量 0.3%、钠离子含量 0.02%的盐碱地上生长。最适宜在黑钙土上生长，在经过改良的黄土、褐色土、棕壤、黄壤、红壤等地上也可获得较高产量。在退化草地、退耕牧地、山坡草地、道旁隙地、林间草地等均可种植。在房宅周围和圈舍近旁等肥水充足的地块也能很好生长。

2.整地

精细整地是提高无芒雀麦种子发芽率、确保全苗的关键。大面积种植必须适时耕翻，翻地深度 20 厘米以上。春旱地区利用荒废地种植时，需在前一年秋季耕翻整地，来不及秋翻则要早春翻，以防失水跑墒，夏播或秋播需在播种前 1 个月耕翻整地，翻后及时耙地和压地。播前耙细土壤，增强其透气能力，促进种子发芽和根部发育，以利于提高草产量并延长利用年限。另外，由于无芒雀麦的颖果常由穗上小枝粘连，建议播前重新脱打成单粒后再播种。

三 无芒雀麦的播种

1.播种时期

春、夏、秋三季均可播种，以早春为好。在较寒冷地区多采用春播，也可于 7 月上旬雨后夏播，若选择秋播需尽早进行，播种太迟不利于越冬。建议选土壤墒情好、雨水充足时播种。

2.播种量和播种方式

条播、撒播均可，多采取条播。若以收草为目的，行距 30 厘米，播量为 1.5~2 千克/亩；若收获种子，行距 45~60 厘米，播量为 0.5~0.75 千克/亩。如采用撒播，播量可增至 3 千克/亩。播种深度为 3 厘米左右，可以利用专门的饲草播种机播种。

无芒雀麦除单播外,还可与紫花苜蓿、红豆草、沙打旺、野豌豆或百脉根混播。在南方高海拔地区还可与红三叶混播,以借助豆科饲草的固氮作用促进无芒雀麦良好生长。混播时无芒雀麦播种量一般为 1~1.5 千克/亩,豆科饲草为 0.3~0.5 千克/亩,考虑到无芒雀麦竞争力强,混播时也可适当增加豆科饲草的播种量。

四 无芒雀麦的田间管理

1.中耕除草

无芒雀麦播种当年生长较慢,易受杂草危害,需及时中耕除草。一般苗期、分蘖至拔节期各进行中耕除草 1~2 次。

2.水肥管理

无芒雀麦对水肥敏感,每年灌水 5~7 次即可。氮肥可提高草产量,氮磷复合肥可提高种子产量。播前,施足基肥,每亩施腐熟有机肥 1 500~2 500 千克,过磷酸钙 15~30 千克;播种时,每亩施硫铵 5 千克作为种肥;在拔节、孕穗或每次刈割后,每亩追施氮肥 10 千克。据报道,无芒雀麦对磷肥极其敏感,当每亩施入磷肥(P_2O_5)10 千克作为种肥时,干草产量可提高 1.7 倍左右。以后每年冬季或早春可再施适量有机肥。注意,每次追肥后随即灌水。

3.病虫害防治

无芒雀麦抗病虫害能力较强。常见病害有麦角病、白粉病、条锈病等。麦角病可使牲畜中毒,播种前应清除种子中的麦角。至于白粉病、条锈病,可喷施石硫合剂、萎锈灵等杀菌剂防治。在病害严重地区,建议种植抗病品种,并与其他作物倒茬轮作。

五 无芒雀麦的刈割与利用

一般在抽穗至开花期进行第一茬刈割用于调制干草,此时叶丛多,产量高,养分积累也多,刈割太迟不仅影响草品质,也有碍再生,减少第二茬草产量。春播时,当年能刈割 1~2 次,从第二年起,每年能刈割 2~3 次,每亩产鲜草 1 500~2 000 千克,折合干草 300~500 千克。作为水土保持植物时,也可进行适度放牧利用。

▶ 第十二节　披碱草的栽培管理技术

披碱草为禾本科披碱草属多年生草本植物,是重要的饲草和护坡固土植物之一,在俄罗斯、朝鲜、日本、印度西北部和土耳其东部都有分布,我国主要分布在东北、华北、西北等地。目前,披碱草在我国大部分省(自治区)都有种植,种植的品种主要有野生披碱草、短芒披碱草(短芒老芒麦)和垂穗披碱草等。该草多生于山坡草地或路边,耐旱、耐寒、耐碱、耐风沙,生存能力很强,营养枝条较多,产量也比较高,茎秆占草丛总重量的 50%~70%,叶占 16%~39%,饲用价值中等偏上,分蘖期各种家畜喜食,抽穗期至始花期可刈割调制成青干草利用。

一　披碱草的植物学和生物学特性

披碱草(图 5-12)茎直立,疏丛型,株高 70~140 厘米,3~6 节;出现 3 片真叶时开始分蘖和产生次生根,一般可有 30~40 个分蘖,最高可达 100 个;须根系发达,多而稠密;叶鞘光滑无毛;叶片扁平,上面粗糙,下面光滑,长 15~25 厘米,宽 5~12 毫米;穗状花序直立,较紧密,长 14~18 厘米,宽 5~10 毫米;穗轴边缘有小纤毛,中部各节具 2 个小穗,小穗绿色,成熟后变为草黄色,长 10~15 毫米,含 3~5 朵小花;

图 5-12　披碱草

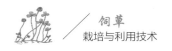
颖披针形或线状披针形,外稃披针形,芒粗糙,内稃与外稃等长,先端截平,脊上具纤毛,至基部渐不明显,脊间被稀少短毛。播种当年一般只能抽穗开花,很少结实成熟,第二年才能发育完全。种子深褐色,千粒重4克左右。

二 披碱草的播前准备

1.环境要求

披碱草对土壤要求不高,不需要很肥沃的土壤,在黑钙土、暗栗钙土、栗钙土和黑垆土上均能生长,在盐碱地或较为贫瘠的土壤上也能存活。播种温度应在5~30摄氏度,最适温度为20~25摄氏度。

2.整地

播种前对种植地深耕18~22厘米,做到土壤细碎、表土疏松,并及时耙地和镇压。

3.施肥

翻耕前一般土地施入有机肥1 500~2 000千克,瘠薄地每亩可增加为2 500~3 000千克。为了促进幼苗旺盛生长,可用硝酸铵或硫酸铵作为种肥,每亩用5~7.5千克。

4.选种

选择正规渠道销售的种子,要求最新采收且成熟完好。播前清选种子。因种子的芒较长,若机播,播前要用脱芒器脱芒,或经碾压断芒后再播种。

三 披碱草的播种

1.播种时期

播种时期为3~6月份,各地因气候环境不同,播种时期也有所差异。北方春播于4月下旬至5月上旬,夏播于6月中旬至7月上旬;华北和西北为5月下旬至6月上旬;播种过晚,根系和越冬芽发育不良,越冬率降低。南方地区气候温暖,3~6月份播种均可,但6月份之后温度很高,再加上雨水较多,也不利于生长,因此播种时间也不宜太晚。

有灌溉条件的地区,可在灌水5天后播种;没有灌溉条件的地区,播种前需机械灭草、精细整地,以利于疏松表土,保蓄水分,确保出苗整齐。

2.播种量

作为饲草用的播种量为1~2千克/亩,用作护坡和水土保持的播种量为3~5千克/亩。

3.播种方式

采用条播或撒播方式,条播行距15~30厘米,播种深度3~5厘米,播后覆盖一层细土,并适当浇水与镇压。若用作天然草地补播草种,可与豆科或其他禾本科草种混播。

(四) 披碱草的田间管理

1.中耕除草

苗期抗杂草能力较弱,分蘖前后除草1次,拔节期再中耕1次。如果幼苗干旱缺肥,可适量追肥和灌水。第二年以后,可根据杂草发生和土壤板结情况,及时中耕除草1~2次。

2.病虫害防治

披碱草易感染锈病,发病时叶、茎和颖上产生红褐色粉末状疮斑,后期病斑变黑导致植株逐渐枯死。虫害主要有蝗虫类。使用的农药应符合《农药安全使用标准》(GB 4285—1989)的有关规定。

(五) 披碱草的刈割与利用

在生育期较短、气候干燥、土壤贫瘠的地方,一年只能刈割1次,并选择在抽穗至开花期刈割,开花后茎叶会变硬,适口性差,一般每亩产干草50~250千克;在气候温暖湿润、水肥条件好的地方,可刈割2次,第一次

在孕穗至抽穗期刈割,经 30~40 天再刈割第 2 次,每亩产干草 250~300 千克。披碱草利用期为 4~5 年,第一年不能过度放牧,要让它开花结籽,以便来年能自繁;第二、三年长势最好,产量最高;第四年以后生长逐渐减退,产量下降。

披碱草青刈可直接饲喂牲畜或调制青贮饲料;调制成干草,其颜色鲜绿、气味芳香、适口性好,除饲喂牛和羊外,还可制成草粉喂猪。若与豆科或其他禾本科草混播,也可用于放牧。

第六章

常见其他科饲草的栽培管理技术

优质饲草除了豆科和禾本科饲草外,常见栽培的还有叶菜或块根类饲草,它们以叶片为利用主体,一般都是茎秆柔软、脆嫩多汁、枝叶繁茂、叶量大、产量高、营养丰富、糖和蛋白质含量高、适应性强、易栽培、适口性较好,各种草食动物喜食,是畜禽鱼不可多得的优质青饲料。但此类饲草含水量高,不适合青贮和制作青干草。常见的有一些菊科和其他科饲草,如串叶松香草、菊苣、苦荬菜、籽粒苋和聚合草等。

▶ 第一节　菊科饲草的栽培管理技术

一　串叶松香草

1.分布和利用价值

串叶松香草是菊科松香草属植物,别名松香草、串叶草。其原产于北美高原地带,主要分布在美国东部、中西部和南部山区。我国 1979 年从朝鲜引入种植,适应地区极广,我国北方除盐碱、干旱地区外,绝大部分地区均可种植利用。串叶松香草营养生长期干物质中粗蛋白质含量为26.78%,粗脂肪含量为 3.51%,粗纤维含量为 26.28%,无氮浸出物含量为30.57%,富含赖氨酸、钙、磷及各种维生素。用于饲喂母猪,全年每头可节省混合精料 180 千克,降低母猪胃溃疡的发病率,提高母猪繁殖性能。串叶松香草含有特别的松香味,畜禽经短时间训饲后,适口性良好。鲜草可

饲草
栽培与利用技术

直接喂牛、羊、兔,喂鸡、鸭、鹅时需将其切碎拌料,也可单独或与其他饲料混合制作成青贮或高质量的草粉或颗粒饲料等。串叶松香草花期长,盛花时金黄一片,也是良好的蜜源植物和观赏花卉,另外其所含的某些药用成分对畜禽疾病还有预防作用。

2.植物学和生物学特性

串叶松香草(图6-1)为多年生宿根草本植物,根系发达、粗壮。地下由球形根茎和营养根两部分组成,根茎上有数个紫红色鳞片所包的根茎芽,第二年每个根茎芽形成一茎枝。播种当年只形成叶丛,无茎,第二年产生茎。茎多分枝、丛生、直立,株高2~3米,茎四棱,叶长椭圆形,叶长40

图6-1 串叶松香草

厘米、宽30厘米左右,叶面粗糙,两面有稀疏茸毛,莲座叶,对生,呈十字形排列,无限花序,头状,着生在假二叉分枝的顶端,花冠黄色,雄花褐色,雌花黄色,花期长,5月下旬现蕾,6月下旬至8月中旬进入盛花期,种子成熟集中在9~10月份。种子瘦果扁心形,褐色,边缘具薄翅,千粒重20~30克。

串叶松香草喜温暖湿润气候,系二年生冬性植物,通过春化阶段,需一定大小的营养体和一定的低温条件,无论春播或秋播,当年只形成莲座状叶簇,经过冬季才抽茎、开花、结实。耐高温,在夏季温度40摄氏度条件下能正常生长。也极耐寒,在冬季-29摄氏度下宿根无冻害。在酸性红壤、砂土、黏土上也能生长良好。

3.栽培与管理技术

串叶松香草对水肥要求高,应选择土层深厚、肥力高、灌溉条件方便的地块种植。播前深翻地,结合翻耕整地施足基肥,每亩施尿素30千克或碳酸氢铵 100 千克或磷酸二铵 40 千克,配施磷肥每亩 50 千克。

既可春播也可秋播,在黄淮海地区 4 月上旬至 5 月上旬播种,在长江以南地区春播为 3 月上旬至 4 月中旬或秋播为 8 月下旬至 10 月份。

可以直播也可育苗移栽。①直播时,一般采用穴播,行距 40~50 厘米。播种量为 0.25~0.5 千克/亩,播深 23 厘米,待苗长到 4~5 片叶时,按株距 20~30 厘米留苗。收种时每亩的播种量减半,行距 100~120 厘米,株距 60~80 厘米。②育苗移栽时,苗床应选水肥条件好的地块,耕翻平整后,将种子撒在土表层,然后盖 1 厘米厚的细土,最好用塑料薄膜覆盖。要经常喷水,保持湿润,待幼苗长出 4~5 片真叶时带土移栽。移栽时,作为青饲用,株距 30 厘米,行距 50 厘米,每亩 2 000~2 500 株;留种田一般畦宽 1.3 米,沟宽 0.3 米,行距 0.5 米,每亩 600~1 000 株。③根茎芽种植时,将生长数年的串叶松香草老根挖出,分切成数段,每段需保留 1 个以上根茎,然后将根茎移栽到大田里,每亩保持 2 000~2 500 株。根茎移栽后,要适量浇水,提高成活率。

串叶松香草的子叶比较肥大,顶土出苗困难,需要做好松土工作,同时苗期生长缓慢,易受杂草危害,要做好苗期除草。串叶松香草的植株高大,根系发达,需水肥较多,每次刈割后应及时灌水施肥。追肥以氮肥为主,留种地应在施足基肥的情况下,于现蕾前后追施一次氮肥(用量为尿素 5~10 千克/亩)和适量磷、钾肥。种植一年后要追施有机肥、磷肥和氮肥。

串叶松香草抗病虫害能力强,病虫害较少。花蕾期可被玉米螟侵染,可用氯虫苯甲酰胺防治。苗期如出现白粉病,应及时喷洒戊唑醇悬浮剂防治。在 7~8 月份高温潮湿时,易发根腐病,可通过增施有机肥结合深耕以改善土壤通气性,减轻病害。病株要拔除烧毁。留种田,串叶松香草的植株高,容易被风刮倒。在苗生长旺盛后,要培土起垄,垄高一般为 10~20 厘米,以利于防风、排水。生长期内,天晴干旱,要经常灌水保墒。可以直接青饲利用;也可青贮,青贮时最好与禾本科饲草或秸秆混合青贮;

亦可晒干作为干草,但含水量高。

串叶松香草一般可连续刈割10次以上。每年可刈割4~5次,栽培当年鲜草产量可为1 000~3 000千克/亩,次年与第三年高产地块的鲜草产量可为10 000~16 667千克/亩。

二 苦荬菜

1.分布和利用价值

苦荬菜是菊科苦荬菜属一年生或越年草本植物,别名苦麻菜、莪菜、良麻、山莴苣、八月老。原产于我国安徽,野生分布广泛,全国各地均有种植,朝鲜、日本、印度等国也有分布。苦荬菜茎叶柔嫩多汁,适口性好,消化率高,再生性好。营养期干物质中粗蛋白质含量为21.72%,粗脂肪含量为4.73%,粗纤维含量为18.03%,无氮浸出物含量为36.93%,还含有丰富的胡萝卜素、多种矿物质、氨基酸、甘露醇以及胆碱素等。具有增进畜禽食欲、帮助消化、祛火防病之功效,禽、鱼、牛等各种草食动物特别喜食,苦荬菜作为饲草,以青饲为主,也可以青贮,还可以作为蔬菜和药用植物利用。

2.植物学和生物学特性

苦荬菜(图6-2)是直根系植物,主根粗大,纺锤形,有分枝,入土深2米以上,根群集中分布在0~30厘米的土层中。茎直立,上部多分枝,株高1.5~3米,茎粗1~3厘米。下部叶为根出叶,丛生,15~25片,无明显叶柄,叶形不一,披针形或卵形,长30~50厘米,宽2~8厘米,全缘或齿裂至羽裂,中上部为茎生叶,较小,长10~25厘米,互生,无柄基部抱茎,叶片形状不规则,叶缘呈

图6-2 苦荬菜

锯齿状。全株含白色乳汁,味苦。头状花序,总状排列,淡黄色或黄色,花期为 30~40 天,瘦果纺锤形,种子黑色,细小而轻,千粒重 1~1.5 克。

苦荬菜喜温暖湿润的气候,耐寒性和耐热性都很强。生长最适温度为 15~35 摄氏度,在 35~40 摄氏度高温下也能生长。土温 5 摄氏度时种子即可萌发,出苗需 8~10 天,15~16 摄氏度时出苗需 5~6 天,28~30 摄氏度时出苗很快,但节弱、扎根慢、抽茎快、产量低。幼苗能耐 2~3 摄氏度低温,成株遭 -4 摄氏度霜冻后可恢复生长。苦荬菜生长需水量大,适宜在年降水量 600~800 毫米的地区种植,低于 500 毫米的地区如无灌溉条件则生长不良。黄淮海地区 4 月中下旬播种,7 月下旬抽薹,9 月上中旬开花,9 月下旬种子成熟。晚熟品种生育期为 180 天左右,早熟品种生育期为 120~130 天。苦荬菜对土壤要求不严,可适应 pH 5~8 的土壤,有一定的耐盐碱能力。在肥沃的壤土产量最高。抗旱能力较强。不耐涝,多雨地区需选择坡地或排水良好的平地种植。耐阴性好,可在果园行间种植。

3.栽培与管理技术

苦荬菜种子小而轻,出土力弱,播前最好深松土壤,一定要细耙整平。秋季播种的地块,要秋翻、秋耙、秋打垄。夏播复种来不及翻地的,可用重耙耙地,达到地平土碎再播种,并施足基肥。

根系入土深,苗期生长速度慢,应除尽杂草。视土壤肥力状况,整地时施入腐熟有机肥 3 000~5 000 千克/亩作为基肥,严重缺磷地块应同时施入磷肥。苦荬菜种子中秕粒和杂质多,其中黄色至黄褐色的种子均为未熟种子,无发芽力,紫黑色和黑色的种子发芽率最高。播种前要通过风选或水选,除去杂质和秕粒,用粒大饱满的种子播种。播种前晒种 1 天,可提高发芽率,播种后也不易烂籽。苦荬菜种子贮存 2~3 年仍有较高的发芽率。

生育期允许的范围内,播种越早越好。通常春、夏、秋季播种,但以早春播种最为适宜。春播时,南方一般在 2 月中旬至 3 月中旬播种产量最高,黄淮海地区以 4 月上中旬播种为宜;夏播时,南方可在 7 月上旬播

种,黄淮海地区可在 8 月上旬播种;秋播时,南方在 9 月下旬为宜。亩播种量为 0.5~0.6 千克。

直接播种可采用条播、穴播或撒播,以条播的效果最好。条播时,行距采用 25~30 厘米,播种后覆土 1~2 厘米,并镇压。苗移栽,育苗采用畦作,一般 67 平方米育苗床播种 200~300 克,可移栽 5 亩地。当幼苗长有 5~6 片真叶时,苗床开窗"蹲苗"使幼苗健壮,提高成活率,株高 10 厘米左右移栽,行距采用 25~30 厘米,株距采用 10~15 厘米,栽后浇透水,经 5~6 天恢复生长,比直播增加生长期 15~20 天,可增产 30%。积温低的地区,育苗温床要用麦秸或塑料薄膜覆盖,保持湿润,直到出床。早春播种出现缺苗断垄时,应及时催芽补种或移苗补栽。

苦荬菜生长快,再生力强,刈割次数多,产量高,需肥量大,对氮、磷、钾的需求很迫切。应以基肥为主,每亩施农家肥 3 000~4 000 千克,翻地前施入。土壤瘠薄的地块,应增施种肥,每亩施硝酸铵 15~20 千克、过磷酸钙 20~30 千克。苦荬菜每次刈割后应追施尿素 6~8 千克/亩。施用化肥应在雨天或者结合灌水进行。有沼气池的农户,用沼液作为追肥的效果更好。当氮肥过多,缺磷、钾肥会导致苦荬菜生长缓慢和倒伏,磷肥用量一般为 3~4 千克/亩,钾肥用量为 4~5 千克/亩。苦荬菜遇旱生长缓慢并易抽薹,需及时浇水,浇水应选择在早晨或傍晚。雨天需及时排涝。苦荬菜苗期生长慢,不耐杂草,出苗后要及时中耕除草,提高刈割频度也有助于消除杂草。苦荬菜易受蚜虫危害,蚜虫在幼嫩的生长点部位聚集,造成植株生长停滞,叶片卷缩,导致严重减产,可喷洒溴氰虫酰胺杀虫剂进行防治,也可通过调整刈割时间减少虫害。生长后期易发生白粉病,亦可通过使用戊唑醇悬浮剂或及时刈割加以防控。

苦荬菜株高 40~50 厘米时可刈割利用,以后每隔 30~40 天刈割 1 次。刈割留茬高度为 5~8 厘米,最后 1 次齐地割完。刈割间隔也可以缩短为 20~25 天,但过度频繁地刈割会缩短苦荬菜的利用时间。分期播种是延长苦荬菜利用时间的重要方法。在青饲利用中除青刈茎叶利用外,还可以采用剥叶利用的方法，不断剥取外部大叶，留下内部小叶继续生长，长到一定程度再剥叶。饲喂生猪和鹅时，可将青刈茎叶切碎或打浆后直接饲喂或与精料拌匀饲喂；饲喂母猪时，打浆苦荬菜可占到日粮总量的40%~60%。苦荬菜在现蕾至开花期刈割，或最后一次刈割带有老茎的鲜草进行青贮。如刈割较早含水太多，要晾晒半天到1天再青贮，也可搭配青玉米秸、苏丹草等混贮，粉碎后入窖经30~40天方可利用。

三　菊苣

1.分布和利用价值

菊苣为菊科菊苣属多年生草本植物，别名皱叶苦苣、明目菜、咖啡草、咖啡萝卜等。广泛分布于欧洲、亚洲、北非等地。适应性广，我国各地均有分布和种植。生于滨海荒地、河边、水沟边或山坡。用途多样，叶可饲喂家畜或食用，根可提炼菊粉等食品工业原料。饲用品种分叶用和根用两种类型，有些品种可兼用。菊苣的营养丰富，饲用价值很高，消化率高，适口性好。莲座叶丛期粗蛋白质含量为22.87%，粗脂肪含量为4.46%，粗纤维含量为12.90%，无氮浸出物含量为30.34%；初花期粗蛋白质含量为14.73%，粗脂肪含量为2.1%，粗纤维含量为36.8%，无氮浸出物含量为24.92%。鱼、家禽、家畜都喜食，也是饲喂高产奶牛和育肥羊的优质饲草。

2.植物学和生物学特性

菊苣(图6-3)主根肉质粗壮，入土深达1.5米，侧根发达，水平或斜向分布，主茎直立，中空，多分枝，有条棱，被极稀疏的长而弯曲的糙毛或刚毛或几无毛，基生叶莲座状，叶片肥厚而大，长30~

图 6-3　菊苣

46厘米,宽8~12厘米,叶形变化大,羽状分裂至不分裂。茎生叶少,较小,卵状倒披针形至披针形,无柄,基部圆形或戟形扩大半抱茎。全部叶片质地薄,两面被稀疏的多细胞长节毛,但叶脉及边缘的毛较多。头状花序多数,单生或数个集生于茎顶或枝端,或2~8个为一组沿花枝排列成穗状花序。总苞圆柱状,长8~12毫米,总苞片分为2层,外层披针形,长8~13毫米,宽2~2.5毫米,上半部绿色,草质,边缘有长缘毛,背面有极稀疏的头状具柄的长腺毛或单毛,下半部淡黄白色,质地坚硬革质;内层线状披针形,长达12毫米,宽约2毫米,下部稍坚硬,上部边缘及背面通常有极稀疏的头状具柄的长腺毛并杂有长单毛。舌状小花,蓝色,长约14毫米,有色斑。瘦果倒卵状、椭圆状或倒楔形,外层瘦果压扁,紧贴内层总苞片,3~5棱,顶端截形,向下收窄,褐色,有棕黑色色斑。冠毛极短,2~3层,膜片状,长0.2~0.3毫米。花果期5~10月份。茎叶折断后会有白色乳汁状液体流出。花浅蓝色,种子楔形,千粒重1.5克左右。

菊苣喜温暖湿润气候,属半耐寒性植物。适宜生长温度为17~25摄氏度,地上部能耐短期-2~1摄氏度的低温。幼苗期如遇高温,会出现提早抽薹的现象。主根抗寒能力较强,在黄淮海地区冬季用土埋后稍加覆盖,保证霜雪不直接接触根皮,就能够安全越冬。在南方夏季30摄氏度以上高温时仍能正常生长。播种当年很少抽薹开花,经过冬季低温,翌年春末开花,花期持续3个月,7月末至8月初种子成熟。在南方地区,冬季生长缓慢但不休眠。在黄淮海地区,一般10月中下旬停止生长,进入休眠,翌年3月中下旬返青,6月份开花。对土壤要求不严,在pH为4.5~8的土壤中均可生长,在pH为6~7.5的肥沃沙壤土中生长最好,应避免种在pH<5.5的土壤中。降水量多的地区,应选坡地或排水良好的平地种植,否则易发生根腐病。

3.栽培与管理技术

菊苣种子小,顶土能力弱,种植地块在深耕基础上,要求耕细平整,以便种子与土壤紧密接触,并且施足底肥,一般施有机肥2 000~3 000千克/亩,尿素或磷酸二铵 30 千克/亩,硫酸钾 20 千克/亩。播前晒种 1 天以增加种子活力,提高发芽率。

种植方式可采用直播或育苗移栽。

(1)直播:条播时播种量为 0.25~0.4 千克/亩,撒播时为 0.4~0.5 千克/亩,穴播时为 0.16~0.27 千克/亩。播期分别为 3 月上旬至 4 月上旬、5 月下旬至 6 月上旬、8 月下旬至 9 月上旬。条播行距 30 厘米、株距 20 厘米,穴播也是行距 30 厘米、株距 20 厘米,每穴留苗 1~2 株。播种深度视土壤墒情和质地而定,土干宜深,土湿则浅,轻壤土宜深,重壤土宜浅,一般 1~2 厘米,尽量保证播种深度一致。直播后应匀苗和定苗,一般在幼苗长出 1 片真叶时进行匀苗,苗间距以 3~7 厘米为宜;当长出 3 片真叶时,进行定苗。

(2)育苗移栽:苗床应选择背风向阳、土壤肥沃、质地疏松、排水良好、2 年内没有种过菊科作物和蔬菜的土地。若栽培面积较大,苗床应离移栽地较近,附近要有水源。在育苗前 20~30 天,每平方米苗床施腐熟人畜粪尿 3~4 千克,腐熟厩肥 5~6 千克,然后与土壤拌匀。在播种前 1 周左右,按每平方米施碳酸氢铵 50 克、过磷酸钙 200~250 克、硫酸钾 20 克,施肥后浅翻耕。苗床做到肥、松、细、软、厚,手捏成团,落地即散,畦面要求土粒大小一致。苗床应开沟做畦,建立排灌系统,一般畦宽 1.7 米,畦长以地块而定,畦沟深 0.2~0.25 米、畦沟宽 0.2 米,畦面呈瓦背形。播前用清粪水浇透苗床,按种沙比 1:2 的比例将种子与细沙拌均匀,撒在苗床上,播种量为 0.1 千克/亩,播后覆盖细土,覆土厚度为 0.5~1 厘米。若在春季育苗,应进行小拱棚覆膜,播后 3 天注意揭膜换气,移栽前 10 天揭去覆膜炼苗;若在秋季育苗,则进行覆草,出苗后注意及时清除覆盖物。育苗期间注意防除杂草,保持苗床湿润。出苗后 15 天根据出苗情况适当间苗,除去小苗、弱苗,苗间距 3~4 厘米。播种时期可选 2 月中下旬、3 月中下旬和 5 月中下旬。幼苗 4~5 片叶时,应及时起苗移栽。在移栽前 1 天,对苗床浇透水,以便起苗。移栽时要严格选苗,挖苗时带 4~5 厘米长的主根,边

起苗边移栽,移栽采用高垄双行栽植。垄顶宽 70 厘米,垄沟宽 30 厘米,沟深25 厘米,双行错窝栽培,窝行距 25 厘米、株距 35 厘米,坡地做垄应注意防止水土流失。栽时将根颈部分埋入土中并把土稍压紧,使根部与土壤紧密结合,移栽完后应浇透一次定根水。移栽幼苗成活后,应及时查苗,用壮苗补缺补窝,一般播后 5 天可出齐苗。出苗后才追施速效氮,以促进幼苗快速生长。移栽时和每次刈割后追施尿素 15 千克/亩,在刈割后 1~2 天施肥。封垄前中耕除草 1~2 次,植株长高后,杂草竞争力不如菊苣,无草害之忧。

菊苣软腐病是生产上的常见病害,田间发病症状多始于近地面叶柄处,后逐渐向上扩展。病害多从茎秆基部伤口处和根上开始发生,使全株萎蔫,严重时腐烂,病部渗出黏稠物,整株死亡。菊苣软腐病的防治除选用优良抗病品种外,还要加强栽培管理,尽量避免选用低洼、黏重的土壤种植。采用垄作,合理密植,合理施肥,提高菊苣的综合抗病能力。发现病株及早拔除。对于地下害虫的防治,可针对不同虫害对症防治。

当菊苣叶片长到 30~40 厘米时,可进行刈割,刈割采用斜刀口。在夏季生长旺盛时,3~4 周割一次,留茬高度 4~6 厘米。秋季最后一次刈割应在生长季节结束前 20 天。宜在晴天刈割,严禁雨天刈割。在我国南方地区,年可刈割 6~8 次,鲜草产量 5 000~10 000 千克/亩;黄淮海地区一年刈割 3~5 次,鲜草产量 3 000~5 000 千克/亩。

采种的适宜时期为大部分果实的冠毛露出时,刈割后晒干并及时脱粒。种子要防潮,成熟的种子第二年发芽率很高,但种子寿命较短,隔年种子的发芽率将大大降低,因此要年年更新种子。

第二节 其他科饲草的栽培管理技术

一 籽粒苋

1.分布和利用价值

籽粒苋是苋科苋属粒用苋的总称,包括千穗谷、绿穗苋、繁穗苋、尾穗苋等种。原产于中美洲和南美洲的热带地区,现已广布于其他热带、温带和亚热带地区。我国东自东海之滨,西至新疆塔城,北自哈尔滨,南至长江流域,除少数地区种子不能成熟外,其他地区均可种植,并且长势良好。籽粒苋的营养丰富,叶片柔软,气味纯正,现蕾期干物质中粗蛋白质含量为 22.72%,粗脂肪含量为 1.41%,粗纤维含量为 11.78%,无氮浸出物含量为 44.13%。开花期干物质中粗蛋白质含量为 17.5%,粗脂肪含量为 0.85%,粗纤维含量为 16.7%,无氮浸出物含量为 34.14%。各种畜禽均喜食,可用于饲喂猪、奶牛、蛋鸡、淡水鱼及兔等,还可作为蔬菜和良好的食疗食品。

2.植物学和生物学特性

籽粒苋(图6-4)是圆锥状根系,主根不发达,侧根发达,根系庞大,多集中于10~30厘米的土层内。茎秆直立,有钝棱,茎红色或绿色。株高250~350厘米,茎粗3~5厘米。单叶,叶直立生长,互生,倒卵形或卵状椭圆形。花小,单性,雌雄同株,圆锥花序,腋生和顶生,由多数穗状花序组成,苞片和小苞片钻形,绿

图6-4 籽粒苋

色,背部中肋突出,绿色。胞果卵形,盖裂,种子圆形,黄白色,有光泽,千粒重 0.6~0.9 克。

籽粒苋为短日照作物,喜温暖湿润气候。生长最适温度为 24~26 摄氏度,当温度低于 10 摄氏度或高于 38 摄氏度时,生长极慢或停止生长。籽粒苋是喜温饲草作物,在热带生长期 4 个多月,在温带、寒温带气候条件下也能良好生长。对土壤要求不严,适宜于半干旱半湿润地区种植,在酸性土壤、重盐碱土壤、贫瘠的风沙土壤及通气不良的黏质土壤中也可生长。籽粒苋分枝再生能力强,适于多次刈割,刈割后由腋芽发出新生枝条,可迅速生长并再次开花结果。

3.栽培与管理技术

籽粒苋种子细小,种植地块需土壤精细、表土疏松,可保蓄水分,为播种和出苗整齐创造良好条件。初次播种时最好进行深耕,耕翻深度在 20~30 厘米,整地时要施足基肥,翻耕前一般应施入腐熟有机肥 2 000~3 000 千克/亩。播种前需进行机械灭草和镇压,以利于控制播种深度,保证出苗的整齐度,减少缺苗断垄现象的发生。

播种时间要求不严,春、夏季均可,一般土壤温度平均高于 16 摄氏度时才能出苗,淮海地区春播在 4 月上旬到 5 月下旬,夏播在 6 月中旬;长江以南地区在 3~10 月份均可播种。籽粒苋可直接播种,也可育苗移栽。通常以直接播种为主。①直接播种:多采用条播,行距 20~25 厘米,播种深度 1~2 厘米,播种后覆土 1 厘米左右,镇压。条播时播种量为 0.05~0.1 千克/亩。播种后,地面平均温度为 18~24 摄氏度时,种子即可萌发,在苗高 8~10 厘米时(二叶期)间苗,10~15 厘米高时(四叶期)定苗,亩留苗 2 万株。②育苗移栽:一般提早 20~30 天进行,每平方米畦面撒 5 克种子,1 克种子可成苗 500 株左右,苗床深 40 厘米,填 20 厘米厚的肥土,先灌足水,待水渗下后将种子均匀地撒在上面,然后覆上一层 1.5~2 厘米厚的细土,上面盖膜。1 周后,当苗高 2 厘米时,可适当揭膜放风。注意苗床温度不能高于 40 摄氏度,以防烧苗。当苗高 10~20 厘米时带土移栽,以阳光较弱的午后或阴雨天移栽为好,尽量避免伤根,栽后浇定根水。定植的行距为 30 厘米、株距为 40 厘米,每亩栽苗 6 000~7 000 株。留种地行距为 30 厘米、株距为 50 厘米。

籽粒苋幼苗细小,且生长缓慢,极易受杂草危害,因此苗期除草非常必要,这也是种植籽粒苋能取得成功的关键,一般中耕除草 1~2 次。小面积地块以人工除草为主,大面积地块可利用除草剂进行化学除草。当籽粒苋株长到 20~30 厘米高后,生长速度非常快,可有效抑制杂草的生长。春播后,若春旱严重,应适当沟灌保苗。现蕾期灌水 1 次以促进增产。每次刈割后追施尿素 40 千克/亩。

籽粒苋作为青饲料利用时, 第一次刈割期应为现蕾期至开花初期,40 天后可进行第二次刈割,每次刈割留茬 30~40 厘米,每年刈割时间可以从 6 月下旬一直到 10 月中下旬。

籽粒苋富含蛋白质和碳水化合物,单贮或混贮都可获得优质青贮饲料,与禾本科饲草混贮最佳。将收获的籽粒苋打短切碎后青贮,可作为冬春季猪、鹅等的优质青饲料。鲜草产量为 5700~10 000 千克/亩。

留种根据主穗中部籽粒颜色来判断,以稍有发黄、发亮,用手搓摸有脱粒的为成熟,最好按单株分期采收,或见花序中部籽粒基本成熟,此时的茎叶尚青绿,有的仅略发红,切忌等茎叶全部枯黄时才收割,不然落粒率会增加。种子产量一般为 100~150 千克/亩。

二 饲用甜菜

1.分布和利用价值

饲用甜菜是藜科甜菜属二年生草本植物,别名甜菜疙瘩、糖萝卜、饲料萝卜等。甜菜起源于地中海沿岸到中亚细亚一带地区,由野生种驯化而来,至今已有 3 000 年以上的栽培历史,目前世界各地均有栽培。饲用甜菜又分为叶用甜菜(又称牛皮菜和厚皮菜)和饲料甜菜,我国东北、华北、西北等地种植较多,广东、湖北、湖南、江苏、四川、安徽等省也有栽培。

饲用甜菜的营养丰富,干物质中粗蛋白质含量为 13.39%,粗脂肪含量为 0.89%,粗纤维含量为 12.46%,无氮浸出物含量为 63.4%;叶片干物质中,粗蛋白质含量为 20.3%,粗脂肪含量为 2.9%,粗纤维含量为 10.5%,无氮浸出物含量为 60.85%。茎叶柔嫩多汁,香甜适口,富含叶酸、泛酸、饲用甜菜碱等多种生命活性物质,是秋、冬、春三季富有价值的多汁饲料。制作的青贮料适宜喂猪、牛、羊及鹅等。

2.植物学和生物学特性

饲用甜菜(图 6-5)有粗大块根,第一年只形成肥大的块根和繁茂的叶丛,第二年抽花茎,高 1 米左右,根出丛生叶,具长柄,呈长圆形或卵圆形,全缘呈波状,茎生叶菱形或卵形,较小,叶柄短。圆锥花序大型,花两性,通常 2 个或数个集合成腋生簇,花被 5 片,果期变

图 6-5　饲用甜菜

硬。胞果称为种球,每个种球有 3~4 个果实,每果 1 粒种子,种子横生,双凸镜状,种皮革质、红褐色,有光亮。饲用甜菜的根形、颜色随品种而异,按块根形状可分圆柱形、长椭圆形、球形和圆锥形,不同品种块根露于地上部分差异也较大。

种子萌发温度为 6~8 摄氏度,幼苗不耐冻,真叶出现后抗寒能力逐渐增强,可耐-6~-4 摄氏度低温,生长最适温度为 15~25 摄氏度,生长后期喜好凉爽晴朗天气。饲用甜菜对水肥要求比较高,在水肥充足的黑土、砂土上可获高产,单株块根最大可有 6~7.5 千克。在轻度盐渍化土地上也可种植,但产量不高。生育期为 120~150 天,前期主要长叶,约 30 天;后期根部膨大,约需 90 天。根的产量是叶的产量的 2 倍以上,根膨大期间可以不断剥叶利用。

3.栽培与管理技术

饲用甜菜是高产饲料作物,主产品为肉质根,根大叶茂,建议选择土层深厚、富含有机质、排水良好、有灌溉条件的地块种植。饲用甜菜种子发芽需要充足的水分,因此整地要好。尤其在春旱多风地区,最好入冬前进行 1 次灌溉,并整好地块,施足基肥,到次年春季播种时能达到土壤疏松,土块少,水分充足,以利于种子萌发。春灌过晚,不仅延缓播种期,而且土层厚,土块大,影响正常出苗。饲用甜菜的种子要严格清选,种子的发芽率一般不低于 75%,净度不低于 97%;对具有木质化花萼、不光滑的种子,可用碾子或石磙碾压种子,以利发芽。

播种时期一般根据气候条件而定,在日平均气温稳定在 5 摄氏度时播种比较适宜,黄淮海地区可在 3 月底至 4 月上旬播种。

播种方式有条播和点播两种。条播和点播的行距为 45~60 厘米,播种深度为 2~4 厘米,播后镇压。如果播期因故延迟,为了提早发芽,可提前 4~5 天浸种催芽,减少种子在土壤中吸水的过程,待 70%左右的种芽顶破种皮时即可播种。播种量一般为 1~1.5 千克/亩。

饲用甜菜苗齐以后需要进行第一次中耕除草,同时疏苗。1~2 对真叶时进行第二次中耕除草,同时间苗,一般每隔 7~8 厘米留苗 1 株。3~4 对真叶时进行第三次中耕除草,同时定苗。株距 35~40 厘米,每亩保苗 5 000~6 000 株。中耕之后要培土,土埋根颈。

饲用甜菜喜肥喜水,除上足底肥外,在繁茂期和肉质根肥大生长期,应及时追肥和灌水。每次追施硫酸铵 10~15 千克/亩,或施尿素 7~10 千克/亩、过磷酸钙 20~30 千克/亩,根旁深施,施后灌水。在一般栽培条件下,根叶产量为 5 000~7 000 千克/亩,其中根量 3 000~5 000 千克/亩;水肥充足条件下,根叶产量为 16 000~20 000 千克/亩,其中根量 6 000~8 000 千克/亩。

饲用甜菜一般在根重和根中糖分达到最高时予以收获。此时外围变黄,生长趋于停止,株丛疏散,块根发脆。饲用甜菜可以切碎或打浆生喂或熟喂,叶可青饲或青贮。饲用甜菜茎叶和肉质块根含糖量都高,青贮可

获得带有浓厚酸甜水果香味的优良青贮饲料。通常以窖贮为主,青贮前晾晒1~2天并将土清理干净,以提高青贮品质。

三 聚合草

1.分布和利用价值

聚合草是紫草科聚合草属多年生草本植物,别名爱国草、肥羊草、友益草、友谊草、紫根草和康复力等。原产俄罗斯欧洲部分和高加索及西伯利亚等地,后引入美洲、非洲、大洋洲和亚洲。我国从日本和澳大利亚引入,除东北地区外,在全国各地均有种植。聚合草对土壤无严格要求,除盐碱地、瘠薄地以及排水不良的低洼地外,一般土地均可种植。其枝叶青嫩多汁,气味芳香,质地细软,干物质中粗蛋白质含量为24.3%~26.5%,粗纤维含量为13.7%,粗脂肪含量为4.5%,无氮浸出物含量为36.4%,可青饲或青贮,也可制成干草粉,以青草状态饲喂最佳。青草经切碎或打浆后散发出清淡的黄瓜香味,猪、牛、羊、兔、鸡、鸭、鹅、鸵鸟、草鱼均喜食,并可显著促进畜禽的生长发育,加之含有大量的尿囊素和维生素 B_{12},还可预防和治疗畜禽肠炎。

2.植物学和生物学特性

聚合草(图 6-6)有粗大肉质根,主根与侧根不明显,根深 1 米以上,主要根系分布在 30~40 厘米的土层中,根颈部分粗大,可长出大量幼芽和叶片;茎圆柱形,直立,向上渐细,抽茎后茎高80~150厘米;茎生叶一般有 50~70片, 多的可有150~200片,叶片长 40~90厘米,宽 10~25 厘米,叶卵形、长椭圆形或披针形,先端渐尖或锐尖,抽茎前叶丛生,呈莲座状;花茎顶

图 6-6　聚合草

端着生蝎尾状聚伞花序,花萼 5 裂,花冠筒状,上部膨大似钟形,淡紫色或黄白色,雄蕊 5 个,花柱丝状,柱头头状,结种子少;种子为小坚果,黑褐色,半弯曲卵形,易散落。

聚合草喜温暖湿润气候,也比较抗寒,能在–20 摄氏度环境下安全越冬,–25 摄氏度时根细胞易受伤害引起烂根死亡。越冬后的植株在气温达到 10 摄氏度时返青,20 摄氏度以上时生长加快,夏季气温超过 35 摄氏度时,生长受到影响,而且易发生病害。聚合草茎叶繁茂,叶片大,需水需肥量也多,年降水量为 600~800 毫米的地区适宜种植,雨量过高或过低都不利于生长。以地下水位低、排水好、能灌溉、有机质多而肥沃的壤土为宜。地下水位高及低洼易涝的地方容易引起烂根。聚合草开花多,但不结实或少量结实,无性繁殖能力很强,根和茎均可再生成新的植株。再生性也很强,1 年内可多次刈割。

3.栽培与管理技术

聚合草根系粗大,入土较深,要求深耕松土,并施 3 000 千克/亩以上有机肥作为基肥。

主要采用无性繁殖,繁殖可切根、分株或茎秆扦插等。以切根繁殖最多,先做好苗床,然后选一年生、健壮无病的肉质根,切成 4~7 厘米长的根段,苗床开沟后将根段放入沟中,覆土 3~4 厘米厚,注意喷水,保持湿润,大约 20 天出苗。当苗高 15~20 厘米时即可移入大田栽植,栽后立即浇水。分株繁殖是选健壮的植株连根挖出,按根茎上幼芽多少纵向切开,使每块根茎上都带有芽和根,直接栽植于大田中,大约 1 周即可长出新叶,用这种方法繁殖成活快,生长迅速,当年产量也较高,但繁殖系数较低,一般在种根供应充足条件下采用。茎秆扦插优点是材料数量多,可以随时取用,比较方便。扦插的材料应选开花期粗壮的茎,切成长 15 厘米左右的茎段,有 1~3 节,插于苗床上,扦插后要保持一定湿度,苗床上最好用帘子遮盖使阳光不至于太强,以免水分蒸发过快,但是这种方法的成活率较前两种方法低。

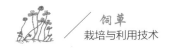

聚合草是多年生高产饲料作物,对水肥要求较高,除栽植前施足基肥及每年冬春季节施1次农家肥外,在每次刈割后都应追施速效氮肥并结合灌水。追肥可采用腐熟的农家肥,也可采用化肥,最好两者结合施用,以保持较长肥效及改善土壤质地。

聚合草苗期生长缓慢,要注意中耕除草,生长期间特别是刈割后应根据杂草情况及时除草。聚合草病虫害较少,常见的烂根死亡多发生在南方高温多雨季节。因此,这类地区应注意开沟排水,避免地面积水。聚合草在高温高湿的环境下易患褐斑病和立枯病,要及早掘出病株烧毁或深埋,同时进行化学防治。聚合草苗期有地老虎及蛴螬等地下害虫,可用2.5%溴氰菊酯喷淋防治。若有粉虱吸食叶片汁液,可用3%高氯吡虫啉600~700倍液喷洒灭虫。

聚合草栽植后一般可利用10年。当年定植的聚合草不宜早割,必须到开花期才能利用,留茬高度为5~6厘米。翌年,在植株现蕾至开花期就可开始收割利用。由于返青早、耐轻霜,在我国北方地区5月初即可开始收割利用,以后每间隔35~40天收割1次,每年可收割4~6次,直至9月底为止,每亩产青饲料8 000~10 000千克。南方1年可收割6~8次,每亩产青饲料17 000~25 000千克。注意,收割还应按饲喂对象而定,如牛、羊、猪宜割老,鸡、鸭、鹅、兔、鸵鸟宜割嫩。

第七章　饲草加工贮藏技术

饲草饲料加工业是畜牧业稳定均衡发展的重要环节和支柱。我国中部及北方地区冬春枯草季节长，饲草的生长量小于畜禽的营养需要量。虽然冬季缺草季节也贮备一定数量的饲草饲料，但往往加工贮藏不科学，加之饲草生产有丰产年，也有歉收年，导致草畜矛盾突出，因此需要把饲草生长季节生产的部分饲草进行调制、加工并贮藏，提升饲草饲料的质量，提高饲草的利用率，促进畜禽生长发育，确保畜禽产品的产量和品质，推动畜牧业稳定发展。

▶ 第一节　青干草的调制与贮藏技术

一　青干草调制的意义

青干草是草食畜禽冬春季节的基础饲草，是反刍动物日粮中能量、蛋白质和维生素的主要来源，将在饲草生长期调制的营养价值较高的干草或青贮饲料用于枯草季节利用，可以为畜禽提供营养均衡的草料，减少冬春季节畜禽死亡，提高畜禽养殖的经济效益，保障草食畜牧业健康可持续发展。在实际生产应用中，青干草的营养价值差异很大。因此，在青干草调制过程中，应尽量减少青绿饲草中蛋白质、胡萝卜素和必需氨基酸等成分的损失，确定合适的刈割时期、干燥方法和贮藏条件与技术等，以保持饲草原有的营养物质及较高的消化率和适口性。

二 青干草的刈割时期

饲草在生长过程中,其生物量和营养物质不断变化。幼嫩时期生长旺盛,含水量较多,叶量丰富,粗蛋白质和胡萝卜素等含量高,但是草产量低。随着饲草的生长,生物量增加,粗纤维含量也逐渐增加,导致营养物质含量明显减少,品质显著下降。

那么,饲草到底在什么时候刈割最好呢? 一般以单位面积内营养物质和草产量最高时期为标准,同时要有利于饲草的再生,对于多年生或越年生的饲草,要不影响其安全越冬和返青,且对翌年产量和寿命无影响。

对于禾本科饲草,一般认为若是用作晒制干草最好在孕穗至抽穗期刈割,有利于再生,但是兼顾营养动态以及单位面积的干物质和可消化营养物质的总量,以及考虑再生性及下年生长发育和产量等各方面利弊,建议在抽穗至开花初期刈割。当然,还要考虑不同饲草种类和利用目的。

对于豆科饲草,不同生育期的营养成分变化更为明显。有资料显示,开花期刈割比孕蕾期刈割的粗蛋白质含量减少 1/3~1/2,胡萝卜素减少 1/2 甚至 5/6。豆科饲草进入开花期后,下部叶片开始枯黄,若刈割推迟,叶片脱落增多。进入成熟期后,茎秆坚硬,木质化程度高,不易干燥,且干草品质变差。综合分析认为,苜蓿、沙打旺、草木樨等以现蕾至初花期为刈割最适时期,此时营养物质和总产量最高,且对下一茬生长影响不大。当然,因饲草品种、当地气候及利用目的的不同,最适刈割时期也应区别对待。

对于其他科饲草,如菊科的串叶松香草、菊苣等以初花期刈割为宜。

三 青干草的干燥方法

饲草干燥方法很多,一般分为自然干燥法和人工干燥法。其中自然干燥法又分为地面干燥法、草架干燥法、发酵干燥法。

地面干燥法是被广泛采用的方法。首先平铺晒草,然后集成草垄或小堆干燥,要求在最短时间内达到干燥状态,保证营养不受损失。

草架干燥法多用于天然草场或人工草地,一般在独木架、三角架、钢丝长架或棚架上进行,通风好,干燥快,适合多雨潮湿地区。另外,像豆科饲草植株较大,含水量较高,不易地面干燥,也建议采用此法。

发酵干燥法适合于山区和林区。因为割草季节往往多雨,可堆成草堆,每层压实,使鲜草在草堆中发酵而干燥后,调制成棕色干草。

人工干燥法又分为常温鼓风干燥法和高温快速干燥法。常温鼓风干燥法一般可以在室外露天堆贮场或草棚内进行。通过吹风机、送风器或电风扇等设备送风,对刈割后预干到含水量为50%的饲草进行不加温干燥。高温快速干燥法是将切碎的饲草放在烘干机中,通过高温空气使其迅速干燥。干燥时间的长短取决于烘干机的种类、型号和工作状态。注意,为了减少饲草营养品质损失,一般干燥机出口温度不宜超过65摄氏度,饲草本身温度不宜超过30摄氏度。

四 青干草的贮藏

青干草贮藏是影响饲草品质的一个重要环节,由于贮藏方法、设备条件不同,营养物质的损失也有明显差异。干草因发酵而发热,不仅变成褐色甚至黑色而变质,而且还可能引起火灾。贮藏方法一般分为草捆贮藏、散干草贮藏和半干草贮藏。

草捆贮藏是采用专门的设备和工艺技术,将青干草压成方形或圆形的草捆后贮藏。用这种方法捆的草捆密度大,运输经济方便,可减少外界不良环境的影响,即使在青干草含水量较高时也可打捆,加之便于饲喂对象自由采食,被认为是最先进、最好的干草贮藏方式。目前在发达国家和我国大型草场应用非常广泛。

散干草贮藏一般包括露天贮藏和草棚贮藏两种方法。露天贮藏是我国传统的干草存放方式,堆垛可以是方形的,也可以是圆形的。此法经济简单,但易受日晒风吹雨淋,导致青干草褪色、养分损失,甚至霉烂变质。

因此，一般选择地势平坦高燥、排水良好且背风和运输方便的地方，堆垛时应尽量压紧，缩小与外界环境的接触面，并用塑料薄膜覆盖。草棚贮藏主要应用于气候潮湿且条件较好的牧场或奶牛场，这种简易草棚能防日晒风吹、霜打雨淋的影响。注意，在干草与棚顶之间要保持一定距离，以便通风散热，同时防止干草发酵生热引起自燃，并要经常检查草垛顶是否塌陷漏雨，垛基是否受潮。

半干草贮藏适合于潮湿或雨水较多的地区。在饲草半干时加入氨水或者有机酸防腐剂贮藏，从而缩短饲草的干燥期，预防青干草发霉变质。关于氨水处理，一般是在饲草刈割后，在田间经过短期晾晒，当含水量为35%~40%时打捆，并注入浓度为25%的氨水，然后堆垛并用塑料薄膜覆盖密封。有机酸防腐剂贮藏一般用在打捆干草中，所选用的防腐剂必须对畜禽无毒，价格不高，并有轻微的挥发性，可有效防止高水分青干草发霉变质，降低贮藏过程中的营养损失。

五 青干草的品质鉴定

青干草的品质一般根据消化率和营养成分含量来评定。重要指标包括粗蛋白质、胡萝卜素、粗纤维、酸性洗涤纤维和中性洗涤纤维等。生产上一般以外观特征来评定品质优劣，但存在感观上的偏差，所以大多采用营养成分化学分析法来评定。近年来，主要采用近红外光谱分析法（NIRS），因为用这种方法检测迅速而准确。

第二节 饲草青贮技术

一 青贮饲料及其优点

青贮饲料是指将青绿新鲜饲草或半干萎蔫的青绿饲料，在厌氧条件下,经过乳酸菌发酵,或在外来添加剂作用下,促进或抑制微生物发酵,使其 pH 下降而形成可以保存的青绿多汁饲料。

青贮饲料按原料含水量划分为高水分青贮(含水量为 70%以上)、中水分青贮(又称凋萎青贮,含水量为 60%~70%)和低水分青贮(又称半干青贮, 含水量为 45%~60%)。青贮饲料按照发酵难易程度可划分为一般青贮、混合青贮和添加剂青贮。

青贮饲料具有以下优点:

(1)可有效保存饲料的营养成分,因为青贮前后的化学成分没有明显变化,胡萝卜素和粗蛋白质损失很少;

(2)适口性好;

(3)消化率高;

(4)原料来源广;

(5)调制方法简单;

(6)不受外界气候环境条件影响;

(7)贮存容量大,既经济又安全;

(8)可有效消灭饲草原料携带的病菌、寄生虫及虫卵等;

(9)保存时间长。

二 青贮设施

青贮设施包括青贮窖、青贮壕、青贮塔、青贮袋、拉伸膜等。青贮窖有地下式、半地下式和地上式,生产中多采用地下式。青贮壕有地下式和半地下式,三面砌墙,地势低的一面敞开,供车辆运取饲料。青贮塔多在地上建成圆筒形,适合机械化水平较高、饲养规模较大、经济条件较好的饲养场。青贮袋是采用塑料薄膜制成的袋,然后将饲草高密度地装入袋中,近年来被广泛采用。拉伸膜裹包青贮是将收割好的新鲜饲草经打捆机打成包裹,用拉伸膜密封保存,并在厌氧发酵后形成优质草料。近年来,流行一种地面堆积发酵青贮,一般将新鲜饲草压成梯形,四面角度小于

45 度,便于机械操作,封窖采用双层隔氧塑料布密封。

三 青贮饲料的调制技术

1.常规青贮

(1)适时收割:收割时期直接影响青贮饲料的品质。不同青贮原料的适宜收割期见表 7-1。

表 7-1　不同青贮原料的适宜收割期

原料种类	收割时间	含水量(%)
紫花苜蓿	现蕾至 1/10 开花时	70～80
红三叶、白三叶	现蕾至初花期	75～82
无芒雀麦	孕穗至抽穗期	75
苏丹草、高丹草	约 90 厘米高时	80
大麦	孕穗后期至蜡熟初期	70～82
黑麦	孕穗后期至蜡熟期	75～80
禾本科混合饲草	孕穗至抽穗初期	—
豆科与禾本科混合饲草	按禾本科选择	
全株玉米	蜡熟期至黄熟期	65～70
整株高粱	蜡熟初期至中期	70
各类作物	孕穗至抽穗初期	—
带穗作物	籽实乳熟末期至蜡熟前期	65～70
玉米秸秆	摘穗后马上收割	50～60
高粱秸秆	收顶穗后至降霜前	60～70

(引用:刘辉、李国庆,2017)

(2)切碎、装填与压实:青贮原料被切碎后装填变得容易,便于压实,利于乳酸菌发酵。青贮饲料供牛羊等反刍动物利用时,可以将一般禾本科或豆科及菊科等饲草切成 2~3 厘米长,玉米和高粱等粗秆作物切成 0.5~2 厘米长;供畜禽利用时,不管哪种原料,都切得越短越好。切碎的工具有青饲料粉碎机、甩刀式或圆筒式收割机、滚筒铡草机等。青贮原料装填需尽快完成,并一层一层铺平。在装填的同时,用人力或履带式拖拉机压实。

（3）密封和管理：青贮原料装填完毕，马上密封和覆盖，以隔绝空气，防止雨水渗入。

2.半干青贮

半干青贮又称低水分青贮。一般是将收割的青贮原料晾晒风干或集成宽 1~1.6 米的小草垄，经过 24 小时，使其茎秆含水量降至 45%~55%，然后切碎，装填，压实，密封，控制发酵温度在 40 摄氏度以下。

3.草捆青贮

草捆青贮一般包括袋装草捆青贮、大圆草捆堆装青贮、方捆青贮和拉伸膜裹包青贮等。袋装草捆青贮是收割饲草后，铺成草条，然后用捡拾压捆机制成大圆捆，装入塑料袋，最后选择场地垛好，袋口系紧，保持密封。大圆草捆堆装青贮是先将大圆草捆堆成紧凑的草垛，然后用塑料布盖严实。若多层贮藏，则需要各层草捆错开呈金字塔状。方捆青贮通常是采取多层堆垛方式，一般堆三层草捆高。注意草捆之间不留空间，外面覆盖的塑料布上用轮胎或砂土压紧。拉伸膜裹包青贮也属于低水分青贮，是目前最先进的青贮技术之一。首先，将饲草原料适时刈割晾晒，当水分含量达到半干青贮条件后，集成草条，然后通过拖拉机捡拾压捆，做成密度高、形状整齐的捆包，并在当天迅速裹包，使拉伸膜青贮饲料尽快进入厌氧状态。注意，拉伸膜要选择质量验证过的合格材料，同时在操作过程中，防止泥土等混入。

4.混合青贮

混合青贮是针对不同青贮原料的差异，把 2 种或 2 种以上的青贮原料混合青贮。比如，把含水量太大的叶菜类与干物质含量高的饲草或农作物秸秆混合，豆科饲草（如苜蓿）与禾本科饲草混合，红三叶与高粱（或玉米）秸秆混合，豌豆与燕麦混合等，起到取长补短的作用。

5.添加青贮

添加青贮又称添加剂青贮，是指在青贮原料装填入青贮设备时，按适当的比例加入有效的添加剂，从而改善青贮饲料的营养品质。添加剂

包括:①发酵促进剂,如糖蜜(制糖副产品)和乳酸菌制剂等;②发酵抑制剂,如甲酸(蚁酸)或甲醛等;③好气性变质抑制剂,如丙酸等;④营养性添加剂,如尿素等。其余操作方法与一般青贮相同。

(四) 青贮饲料的品质鉴定

青贮饲料的品质鉴定包括感官鉴定和实验室鉴定两种方法。感官鉴定可以从色、香、味、质地等方面进行。实验室鉴定则主要鉴定青贮饲料的 pH(4.2 以下为优)、乳酸及其挥发性脂肪酸占总酸的比例(一般按照乳酸、磷酸、丁酸的占比综合评定)、氨态氮占总氮的比例(5%以下为优)等。

▶ 第三节 饲草产品的深加工技术

(一) 饲草深加工的价值

20 世纪 70 年代,美国、英国、澳大利亚和俄罗斯等国就开始从栽培饲草中提取蛋白质、纤维素、叶绿素、不饱和脂肪酸、β-胡萝卜素等有效物质,并进行产品开发。特别是对苜蓿等进行多层次加工和综合利用,工厂化生产出叶蛋白、纤维素等,并以此为基料,用于饲料业、食品业和医药业中,取得了较高的经济效益。据估算,苜蓿直接用作饲料,利用率只有 20%~30%,若用于深加工,利用率为 65%~80%,相当于每加工 1 000 千克鲜苜蓿,可生产叶蛋白 30 千克、膳食纤维 24 千克、干草饼 200 千克、苜蓿绿素油 0.03 千克,总价值是原料售价的 7 倍。欧盟利用特殊的榨汁、逐级提纯和分离技术设备,可从每 1 000 千克鲜苜蓿中提取 3 千克以上的高品质蛋白质,按当地价格计算,售价高出原料价格 6 倍以上。澳大利亚西部生物工程公司从苜蓿中萃提的 β-胡萝卜素价格为 900~1 000 美元/千克,叶绿素价格为 300~500 美元/千克。在我国农业农村部主办的草产业博览会上,国外叶蛋白、膳食纤维胶囊等苜蓿产品引起了参观者的极大关注。目前,我国的草产品以草捆、草块、草颗粒、草粉等初级产品为主,技术含量低,也无精加工产品,下一步亟待使资源优势变为商品优势。

叶蛋白的蛋白质含量变异范围为38.31%~62.70%,相对来说,籽粒苋叶蛋白的蛋白质含量较低,为38.31%,苜蓿叶蛋白所含各种必需氨基酸之间的比例与干脱脂乳蛋白相近,仅蛋氨酸、胱氨酸含量略逊色于鱼粉,但高于大豆饼。一般叶蛋白中粗脂肪、无氮浸出物、粗纤维和粗灰分的含量分别为6%~12%、10%~35%、2%~4%和6%~10%。叶蛋白中还含有丰富的维生素和矿物质,并含有促进生长和繁殖的未知因子。特别是苜蓿叶蛋白的一个突出优点是叶黄素的含量特别丰富,最高可达1.56克/千克,因而叶蛋白用于养禽业,可以取代着色剂的作用。加之叶蛋白中胡萝卜素含量为322~802毫克/千克,钙、磷比例适中等,故叶蛋白是鱼粉、豆粕类饲料理想的替代品。苜蓿叶蛋白作为食用蛋白质,其营养品质按WTO推荐的蛋白质标准,与鸡蛋、牛乳相当,比牛肉还好。苜蓿叶蛋白中的8种必需氨基酸的含量与人体需要近似,属全价蛋白,具有高度可消化性,消化吸收率在92%以上,且没有动物性蛋白质的副作用,如引发肥胖症、心血管疾病等。苜蓿叶蛋白的社会经济成本远远低于动物性蛋白,按每生产1千克蛋白质社会平均耗能计算,叶蛋白为40兆焦/千克,小麦蛋白为55兆焦/千克,大米蛋白为155兆焦/千克,鸡肉蛋白为330兆焦/千克,牛奶蛋白为585兆焦/千克。而叶蛋白的生产成本比瘦猪肉低40%。

二 饲草深加工利用技术

1.叶蛋白生产技术

生产中,绿色饲草茎叶均可作为生产叶蛋白的原料,但为了保证产量与品质,选择的原料应具备以下条件:①叶中蛋白质含量高;②叶片多;③不含毒性成分;④含黏性成分少。适于生产叶蛋白的饲草原料主要有豆科饲草(苜蓿、三叶草、草木樨、紫云英等)、禾本科饲草(黑麦草、鸡脚

草等)、叶菜类(苋菜、牛皮菜等)、根类作物茎叶(甘薯、萝卜等)、瓜类茎叶和鲜绿树叶等。目前,用于生产叶蛋白的原料主要是苜蓿。苜蓿叶蛋白产量高、凝聚颗粒大、易分离、品质好。用于叶蛋白生产的植物叶必须是新鲜的叶,要适时收割,一般以在春末夏初收割为宜,即在生长旺盛含水量高时收获。叶收获后应尽快加工,以免由于本身酶的作用和微生物的污染引起叶蛋白成品变味和产量下降。生产技术主要包括以下几个步骤:

(1)碾磨:用碾磨机将叶加工成草浆,汁液把磨碎的植物细片和纤维素包裹、膨胀。

(2)压榨:用压榨机使绿色汁液和残渣分开。汁液过滤,除去粗的植物碎片残渣,残渣可干燥加工成草粉,或直接作为饲料或制作青贮料。

(3)分离:采用热凝聚法,经60~90摄氏度加热使叶蛋白凝聚下沉和上清液分离,上清液中残留有细胞质蛋白质,如加热到90摄氏度以上,几乎所有蛋白质都发生凝聚。因而分离时可用60摄氏度进行第一次分离,然后再把上清液加热到90摄氏度得到第二次分离的蛋白质。此外,还可用加酸法,使pH在4.0~4.5,或用加絮凝剂,或用分离沉淀等方法分离叶蛋白。为了加速叶蛋白的凝聚,防止发生自溶和胡萝卜素的氧化以及叶绿素转化为脱镁叶绿素,对汁液进行氨化处理,使pH在8.0~8.5。

(4)干燥:一般使用热风干燥机或真空干燥机干燥,但使用这种干燥法得到的产品质量较差;或采用冻结干燥法,使用此种方法可以获得品质优良的制品,但干燥成本高;也可采用喷雾干燥法。此外要注意,水分在50%~60%的新鲜叶蛋白在常温下保存,易发生液化和变质,短时间保存时可加入7%~8%的食盐或2%的丙酸等抑制剂,需长期保存的最好制成蛋白粉。

通常叶蛋白加工工艺流程如下:原料→清洗→切碎→压榨和过滤(其中的草渣可制作草饼)→得到绿色汁液→加热、加酸→凝聚、沉淀→分离(其中的棕色液可制作成饲料添加剂)→叶蛋白浓缩物→除异味→

脱色→喷雾干燥→成品。

2.膳食纤维生产技术

膳食纤维是无法被人体消化吸收的多糖类碳水化合物与木质素的总称。叶渣膳食纤维的提取工艺流程主要包括粗粉碎、浸泡、漂洗、异味脱除、二次浸泡、漂白脱色、脱水干燥、功能活化和微粉碎。生产技术要点如下：

（1）粗粉碎：粉碎后粒径为 2~4 毫米。

（2）浸泡漂洗：目的在于软化纤维，洗去残留在叶渣表面的可溶性杂质，浸泡时要搅拌，加水调节，加水量控制在叶渣浓度为 20%~30%，水温最高不超过 40 摄氏度，时间 6~8 小时。

（3）异味脱除：叶渣有浓重的青草味，需要进行异味脱除。脱除的方法很多，以加碱蒸煮法、减压蒸馏脱气法和高压湿热处理法的效果较好。加碱蒸煮法是用浓度为 0.5%~2.0% 的氢氧化钠（NaOH）或一定浓度的氢氧化钾（KOH）、氢氧化钙 $[Ca(OH)_2]$ 蒸煮 10~30 分钟。

（4）二次漂洗、脱色：碱处理后要进行二次漂洗，以洗去附着在纤维表面的少量残留碱，避免对后面的处理带来影响；再用 100 毫克/千克过氧化氢（H_2O_2）脱色剂脱色 3~5 小时。

（5）脱水干燥：将经上述处理后的叶渣通过离心或过滤后得到浅色湿滤饼，干燥至含水 6%~8% 后进行功能活化处理。

（6）活化处理：包括纤维内部组成成分的优化与重组，对纤维某些基团进行包埋，以避免这些基团与矿物元素相结合，影响人体内矿物质的代谢平衡。

（7）微粉碎：活化后的纤维，经干燥处理，用微粉碎机粉碎至粒度 100 微米以下，即为最终产品，纤维干基总得率为 75%~80%，外观呈浅色。

3.天然色素和保健品

开发以叶绿素为基料的功能性食品具有潜在价值和前景。从饲草中分离出的色素，主要包括叶绿素、叶黄素、胡萝卜素等，可作为食用绿色

素和脱臭剂广泛应用于糕点、饮料、口香糖、果冻等食品中。目前作为天然食用绿色素的叶绿素通常是以三叶草、紫花苜蓿等植物的叶或蚕粪为原料,用有机溶剂,如丙酮、二氯甲烷、甲醇、乙醇、异丙醇及乙烷等提取获得的,提取得到的叶绿素的主要成分是叶绿素 a、叶绿素 b 以及部分脱镁叶绿素。此外,饲草中还含有大量的抗氧化物质,如黄酮、皂苷、多酚、多糖、萜类、生物碱等,可用于保健品和化妆品生产。利用超临界流体萃取能够有效分离这些生物活性物质。超临界流体萃取技术是指利用流体(溶剂)临界点附近,流体与待分离的物质具有异常相平衡行为和传递能力,通过调节温度、压力等来改变流体的溶解能力,达到溶质分离的一项技术。该技术具有无毒、无害、无残留、无污染、高效、惰性环境可避免产物氧化和萃取温度低等优点,适用于食品工业、医药业、化妆品业等行业所涉及的生物活性物质、高沸点脂溶性物质、热敏性物质的分离提取。

第八章

饲草利用技术模式

通过种植优质饲草养殖畜、禽、鱼等草食动物,可将饲草转换成效益高的优质畜、禽、水产品,提高种养户的经济效益。那么,对于不同草食动物应该选择利用哪种饲草,除了考虑不同饲草的生物学特性之外,还要考虑当地气候及土壤等生态环境的适应性,更要考虑饲喂对象的适口性及其对畜、禽、水产品产量和品质的影响。本章根据近年来饲草在农业生产中的应用实际情况,重点介绍奶牛、肉牛羊、鱼和家禽的饲草利用技术模式,以供参考。

▶ 第一节　奶牛利用技术模式

一 饲草选择

高蛋白饲草:紫花苜蓿、小冠花、光叶紫花苕、白三叶、红豆草等。

植株高大、粗纤维含量相对较多的饲草:饲用玉米、高丹草、甜高粱、燕麦草、狼尾草、黑麦草(冬闲田种植)等。

二 种植模式

以一年生与多年生饲草、温带型与热带型饲草搭配种植,尽量采用单种与套种相结合,确保青饲料全年供应不间断。

3~6月份,一般选择种植温带型饲草,如紫花苜蓿、一年生黑麦草、多

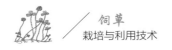

年生红三叶、白三叶等;6~10月份,种植热带型饲草,如青贮玉米、甜高粱、杂交狼尾草、高丹草等;11月份至翌年3月初,主要饲喂青贮多汁饲料和部分干草,适宜青贮的饲料作物主要有青贮玉米、甜高粱、大麦及多花黑麦草等。

三 典型案例

秋实草业有限公司+现代牧业蚌埠牧场种养结合模式:秋实草业有限公司在安徽省五河县头铺镇和朱顶镇等地,种植紫花苜蓿和青贮玉米10万亩,建立奶牛青料饲用苜蓿/粮饲兼用型玉米生产基地,形成了高产抗倒品种+贴茬机播+全苗壮苗+统防统治+机械化收获+青贮的技术模式。现代牧业蚌埠牧场通过联合体成员种植优质玉米、优质苜蓿、优质小麦,实现了"饲草种植–奶牛养殖–产品加工"一体化的发展模式,同时还实现了"饲草种植–奶牛养殖–粪污利用–饲草种植"的良性循环发展模式,成为奶牛规模化养殖行业全球引领者。牧场沼液全部通过管道用于秋实草业和周边农业产业化联合体还田,做到能量多级利用、物质良性循环,形成无污染的可持续发展生态农业系统。

蚌埠和平乳业有限责任公司良种奶牛繁育基地种养结合模式:采用小麦/黑麦草/小黑麦与甜高粱/饲用玉米/高丹草的高产高效栽培技术模式,已建成为我国50个标准化规模牧场之一,也是安徽省较早享此殊荣的牧场。牧场内建有可贮存35 000立方米的青贮窖、大型储料库和储草库等,为每头奶牛的生活提供了强有力的后勤保障。

合肥伊利乳业有限责任公司种养结合模式:在长丰县造甲养殖基地,建立饲草及粮饲兼用型玉米生产基地,通过选择高产抗倒玉米品种和配套青贮技术及机械化生产与管理有机融合,由过去单纯的粮食作物逐步向粮食和饲草复合方向转变,极大地带动了养殖业、种植业、包装业、运输业、零售业等相关产业的发展,推动了当地农业产业化的进程。

第二节　肉牛羊利用技术模式

一　饲草选择

禾本科饲草:饲用玉米、高丹草、甜高粱、杂交狼尾草、黑麦草、小黑麦等。

豆科和其他科饲草:紫花苜蓿、白三叶、菊苣、串叶松香草等。

二　种植模式

采用轮作、混合播种相结合模式:秋播黑麦草、毛苕子、紫云英、大麦,夏种甜高粱、高丹草、苏丹草、饲用玉米或粮饲兼用型玉米等,进行轮作单播;采用黑麦草、苇状羊茅、三叶草、狗牙根、胡枝子等进行混合播种,根据混合饲草的利用年限和利用方式,确定不同饲草种子的比例。

饲草种植遵循产量和质量最优原则,同时考虑品种、气候条件等差异对收获期的影响。生育期短的品种应适当提早收获,生育期长的品种可适当推迟收获。若用于直接刈割饲喂,一般以初花期为宜,此时产量和品质较好;若用于青贮,通常在抽穗至蜡熟期收获,此时产量高、青贮品质优。

三　典型案例

霍山县水口寺农业有限公司示范农牧循环模式:目前公司存栏大别山黄牛300多头,按照种养平衡的方式,流转草山草场5 000亩,采用"黄牛养殖–干粪生产有机肥–污水沼气发酵处理–种植牧草及草地改良（发展经果林）"的农牧循环模式。种植黑麦草、狗牙根、甜高粱、高羊茅、三叶草、菊苣等12种饲草,通过饲草种植及青贮技术的广泛应用,为黄牛提供

充足的饲草资源,同时对黄牛的粪污综合处理,以专用管道连通还田,既改善了环境,更提高了土质,实现了养殖场"增草增畜,草畜配套"的农牧小循环。

安徽黄山大山里生态农业开发有限公司饲草种植与皖南黄牛保种结合模式:公司位于黄山区乌石镇太平湖畔,占地5 550余亩,草场资源充足。采用人工、天然、生物等措施建设草地围栏,补播多年生饲草如黑麦草、三叶草、狗牙根、苇状羊茅等,共2 500亩,结合推广应用草种包衣、混合播种、免耕补种、治理草地病虫害和清除有害杂草等技术,提高了天然草地载畜量。同时,建植220亩人工饲草场,主要种植高产优质的黑麦草、高丹草、饲用甜高粱、饲用玉米等,饲养保种皖南黄牛,努力打造出以草养畜、草畜配套、环境友好、自然和谐的美丽观光牧场。

宿州市黄淮白山羊养殖专业合作社种草养羊轮牧模式:在埇桥区夹沟镇,通过1 500亩草坡改良及6 000米围栏建设,实行划区轮牧,结合补播优良饲草、草地灌溉、施肥等措施,提高草地产量和品质,且有效保护草地免于退化。补播饲草品种包括黑麦草、三叶草、狗牙根、苇状羊茅、胡枝子等。同时,在400多亩人工饲草地种植高产优质的粮饲兼用型玉米、甜高粱、苏丹草、高丹草、黑麦草等。该模式利用饲草秸秆作为肉羊的青料,羊粪作为饲草生产的有机肥,可培肥土壤、减少水土流失,实现农业可持续发展。

滁州市大柳种羊场草畜融合生态模式:在上张牧区400亩荒草地和灌木林地,进行草地改良,秋季混播白三叶及黑麦草,并利用已建成的7 500米草地钢制围栏,实行牧区封闭式管理,以确保考力代羊的繁育扩群需要。在大胡牧区1 000亩山场进行清杂,在保持国家二级保护草类"中华结缕草"原始生态环境的同时,秋末选用适应性较强的白三叶,采取增加播种量、增施复合肥的办法确保成活率,翌年春季种植墨西哥玉米或饲用玉米,以作为种羊青贮饲料。

固镇县利民羊业养殖有限公司小尾寒羊保种与饲草利用模式:围绕

安徽省农业竞争力提升科技行动计划项目,构建了粮饲兼用型玉米/甜高粱/高丹草+一年生黑麦草/小黑麦轮作模式,通过品种选择、科学种植、机械化收获、全株青贮及合理饲喂等配套技术,促进了饲草品种产量和品质提升,推动了小尾寒羊的保种及其利用。

▶ 第三节 草鱼利用技术模式

一 饲草选择

禾本科饲草:高丹草、苏丹草、墨西哥玉米、黑麦草、狼尾草、皇竹草等。豆科饲草:苜蓿、三叶草等。其中高丹草、苏丹草、黑麦草、苜蓿容易种植,草产量高,往往成为草鱼的首选饲草。

二 种植模式

春末夏初播种三叶草和狼尾草,夏季种植高丹草或苏丹草,秋季种植黑麦草、白三叶或苜蓿等。鱼的早期饲料一般以黑麦草为主,接茬种植高丹草或苏丹草主要解决鱼的中后期饲料供应问题,而多年生苜蓿主要用作全年性青饲料或换茬缺青时的辅助饲料。

建议采用禾本科饲草与豆科饲草套种、间作或轮作方式,以达到用地养地,均衡供草。另外,注意饲草种类与种植面积应与鱼类品种以及放养规格相适应。

三 典型案例

六安市天润现代农业科技有限公司"草–鱼–果"模式:利用大别山区良好的自然资源优势,开展饲草高产、优质、高效、简化栽培技术研究及优质饲草在水产(甲鱼、草鱼、虾等)、畜(牛等)和禽(鸡等)上的利用,同时围绕畜禽粪污资源化利用,建设标准化禽舍、牛舍和青贮窖等设施,将畜

禽粪作为有机肥施于果树(火龙果树、梨树、无花果树、杨梅树等),构建了适用于本地的优质饲草种养结合模式,提升了产品的附加值和品牌影响力。利用生态种养模式生产的甲鱼、草鱼、鳙鱼、克氏原螯虾获得了"无公害农产品认证",其中"润晨"牌甲鱼曾获安徽省农交会"金奖"。

安徽休宁草鱼绿色喂养模式:据中央电视台财经频道报道,在安徽省休宁县,2021年9月份开始,山泉养鱼进入丰收期。当地优良的水质和生态环境,让这里的草鱼变成了"金鱼",养殖户成功实现增收。这种以草、蔬菜等绿色饵食喂养的鱼肉质细腻、口感上佳,备受市场青睐。

第四节　家禽利用技术模式

一　饲草选择

家禽喜食蛋白质含量较高、叶多枝嫩的饲草。饲养鹅和鸡,一般首选豆科和菊科饲草,其次为禾本科饲草。主要饲草品种可选苜蓿、红豆草、白三叶、红三叶、光叶紫花苕、菊苣、苦荬菜、黑麦草、狼尾草、墨西哥玉米、青饲玉米、巨菌草等。

二　种植模式

利用林地、坡地、荒山、果园、冬闲田和抛荒田等不同生态环境,种植适合所饲喂家禽的优质饲草,如豆科或菊科与禾本科饲草混播,采用现代养禽技术,通过散养与半舍饲相结合的养殖方式,满足禽类喜觅食嫩草、茎叶、昆虫和腐殖质等自然食源的习性,再添加适量精饲料,可显著提高家禽养殖的经济效益和生态效益。

关于种草养禽,首先应规划好饲草的种植时间、品种、面积,达到青饲料的均衡供应。雏禽可饲喂鲜嫩多肉的青饲草,如苦荬菜等;成年禽类对饲料的适应性强,一般饲草都可以饲喂,如黑麦草、狼尾草和苜蓿等。对于不同饲养阶段,应针对具体饲养对象,制作不同口味的青饲料产品,提升其适口性,做到青饲料的多样化。也可以根据当地农业生产实际,将生长旺盛的优质青草与农作物(如玉米)秸秆混合青贮,经过乳酸菌发酵调制成青绿多汁饲料,饲喂效果好。

三 典型案例

安徽省皖西白鹅原种场资源保护与饲草利用模式:该场养殖的皖西白鹅是我国优良的中型鹅品种之一,属国家二类禽类保护动物,并被确定为"国家级畜禽品种资源保护"品种,具有早期生长速度快、耐粗饲、抗病能力强、饲养成本低等特点,以青饲料喂养为主。年存栏核心群祖代皖西白鹅种鹅20 000只,年出售雏鹅苗11万只,年饲养商品鹅10 000只。该场拥有240亩饲草地,种植苦荬菜、黑麦草等优质饲草。通过种养有机结合模式,该场成为我省唯一一家国家级畜禽品种资源保护场,为国家级"星火计划"龙头企业技术创新中心。

宿松县荣学农业开发有限公司林间种草养禽模式:该公司拥有5 000亩天然草场,草场资源丰富,通过补播鸭茅、白三叶、多年生黑麦草和牛鞭草等,实现林间散养鹅和鸡等;同时在680亩流转荒山荒地播种一年生黑麦草、高丹草和饲用玉米等,刈割青草用于畜禽圈养饲草料。因草场山泉质优量足,无任何污染,通过种养结合,有效利用饲草资源,降低养殖成本,生态效益和经济效益显著,2020年初顺利通过"2018年南方现代草地畜牧业推动行动项目"的验收。

参 考 文 献

[1] 何昌茂.对开发利用我国南方草山草坡发展畜牧业问题的初步探讨[J].四川草原,1982(1):1-7.

[2] 李聪,孙云越.饲料作物栽培与利用[M].北京:金盾出版社,2006.

[3] 林祥金.我国南方草山草坡开发利用的研究[J].四川草原,2002(4):1-16.

[4] 刘辉,李国庆.规模化人工饲草种植与加工调制[M].北京:金盾出版社,2017.

[5] 石凤翎,王明玖,王建光.豆科牧草栽培[M].北京:中国林业出版社,2003.

[6] 谢晓村.论开发南方草山草坡[J].中国草地,1992,14(3):73-77.

[7] 许俐俐,包水明,李荣同.我国南方草山草坡兴牧效益分析[J].东华理工学院学报(社会科学版),2004,23(4):93-96.

[8] 杨青川,王堃.牧草的生产与利用[M].北京:化学工业出版社,2002.

[9] 余群力.草产品深加工技术及其应用[J].草业科学,2003,20(3):37-42.

[10] 翟桂玉.优质饲草生产与利用技术[M].济南:山东科学技术出版社,2013.

[11] 张秀芬.饲草饲料加工与贮藏[M].北京:中国农业出版社,1992.

[12] 周禾.农区种草与草田轮作技术[M].北京:化学工业出版社,2004.